PLATTENTEKTONIK

Und Geodynamische Phänomene

JOSE RUIZ WATZECK

WHSD

INHALT

VORWORT

Das dem Leser präsentierte Werk erweist sich als eine sorgfältige Synthese des breiten Spektrums an Wissen über Plattentektonik und Seismologie, untrennbar miteinander verbundene Bereiche, die die Geheimnisse der Erddynamik enthüllen. In einem Kontext, in dem das Verständnis geologischer und geophysikalischer Komplexität von entscheidender Bedeutung für das Verständnis und die Vorhersage natürlicher Phänomene ist, zielt diese Arbeit nicht nur darauf ab, grundlegende Konzepte zu erläutern, sondern auch Überlegungen über die Grenzen wissenschaftlicher Erkenntnisse und die damit verbundenen Herausforderungen anzuregen durchdringen diese Studienbereiche.

Seit Beginn der Zivilisation hat die menschliche Neugier auf die innere Natur des Planeten Erde die Forschung vorangetrieben, die von den grundlegendsten geologischen Erscheinungsformen bis hin zu den Feinheiten tektonischer Wechselwirkungen reicht. Für ein umfassendes Verständnis der Geowissenschaften ist es unerlässlich, die Entwicklung dieser Studien zu verstehen, von anfänglichen Vermutungen über die Kontinentalverschiebung bis hin zu anspruchsvollen modernen seismischen Analysen.

In diesem Buch schlagen wir vor, einen Weg zu verfolgen, der zeitliche und geografische Grenzen überschreitet und von den ersten visionären Vorstellungen wegweisender Wissenschaftler bis zu den technologischen Fortschritten reicht, die derzeit das Gebiet der Seismologie durchdringen. Wir werden uns mit den vielen Facetten der Plattentektonik befassen, von ihren theoretischen Grundlagen bis hin zu praktischen Anwendungen, die die Bereiche Ingenieurwesen, angewandte Geologie und Naturkatastrophenschutz umfassen.

Auf den folgenden Seiten laden wir den Leser ein, in

ein facettenreiches Universum einzutauchen, in dem die gigantischen Kräfte, die die Erde formen, in ihrer ganzen Komplexität offenbart werden. Ganz gleich, ob es sich um einen wissensdurstigen Studenten, einen Wissenschaftler auf der Suche nach neuen Perspektiven oder einen Laien handelt, der die Geheimnisse der ihn umgebenden Welt verstehen möchte, dieses Buch möchte ein Leuchtturm sein, der die Wege des Verstehens und Wissens beleuchtet.

Möge diese akademische Reise bereichernd und inspirierend sein und neue Fragen und Perspektiven auf die Rätsel aufwerfen, die die Plattentektonik und Seismologie durchdringen.

EINFÜHRUNG

Ziel dieser Arbeit ist es, eine umfassende und wissenschaftliche Analyse der Plattentektonik durchzuführen, einer Disziplin, die eng mit dem Verständnis der Erddynamik und der Strukturierung der Erdoberfläche, wie wir sie kennen, verbunden ist. Die Plattentektonik erweist sich als ein einheitliches Paradigma, das die Mechanismen erforscht, die der geologischen Entwicklung des Planeten zugrunde liegen, und grundlegende Einblicke in die Prozesse bietet, die seine Topographie, Ressourcenverteilung und Naturphänomene geformt haben und weiterhin prägen.

Seit Beginn der Zivilisation hat die menschliche Neugier auf die Natur der Erde zu Beobachtungen und Spekulationen über ihre Struktur und Funktionsweise geführt. Allerdings dauerte es bis in die letzten Jahrhunderte, bis die Grundlagen für moderne wissenschaftliche Erkenntnisse gelegt wurden, angetrieben durch eine Kombination aus empirischen Beobachtungen, geologischen Analysen und technologischen Fortschritten. In diesem Zusammenhang entstanden als Reaktion auf immer detailliertere Beobachtungen der Erdoberfläche und damit verbundener geologischer Phänomene die ersten Theorien über die Bewegung tektonischer Platten.

Die Geschichte der frühen Beobachtungen und Theorien der Plattenbewegung lässt sich auf namhafte Persönlichkeiten der Wissenschaft zurückführen, deren visionäre Beiträge den Grundstein für das zeitgenössische Paradigma der Plattentektonik legten. Von Alfred Wegeners Spekulationen über die Kontinentalverschiebung bis hin zu James Huttons bahnbrechenden Studien zur Geodynamik der Erde spiegelt jeder Meilenstein eine intellektuelle Reise wider, die von faszinierenden Entdeckungen und hitzigen Debatten geprägt ist.

Daher ist es unerlässlich, den historischen und wissenschaftlichen Kontext zu verstehen, in dem die ersten Theorien der Plattentektonik entstanden, denn so können wir die Tiefe des im Laufe der Jahrhunderte gesammelten Wissens und die Komplexität der Herausforderungen, denen sich Wissenschaftler gegenübersehen, einschätzen. Wissenschaftler auf der Suche nach einem umfassenden Verständnis der Erde und ihrer geologischen Prozesse. Ziel dieser Arbeit ist es, diese historische Landschaft zu erkunden und die Beiträge prominenter Persönlichkeiten sowie die Beweise für die Theorien und Fortschritte zu beschreiben, die die Disziplin der Plattentektonik, wie wir sie heute kennen, geprägt haben. Auf diese Weise möchten wir eine solide Grundlage für das Verständnis der aktuellen Probleme und zukünftigen Herausforderungen schaffen, die dieses faszinierende Wissenschaftsgebiet durchdringen.

KAPITEL 1: VORSPIEL ZUR PLATTENTEKTONIK

Die Erforschung der Struktur der Erde und der Bewegung der Kontinente reicht bis in die Antike zurück und ist von mythischen und spekulativen Vorstellungen durchdrungen. Die Grundlagen der modernen Geologie wurden jedoch erst im 18. und 19. Jahrhundert gelegt, angetrieben durch eine Kombination aus empirischen Beobachtungen, deduktiven Überlegungen und Fortschritten in den Techniken der geografischen Erkundung.

Einer der ersten Versuche, Wissen über die terrestrische Geodynamik zu systematisieren, wurde von James Hutton unternommen, dessen 1788 veröffentlichtes Grundlagenwerk „Theory of the Earth" die Idee eines kontinuierlichen geologischen Kreislaufs vorschlug, der durch Prozesse der Erosion, Sedimentation usw. gekennzeichnet ist Metamorphose. Obwohl er sich nicht direkt mit der Bewegung der Kontinente befasste, legten Huttons Ideen den Grundstein für das Verständnis der Erde als dynamisches System in ständiger Transformation.

Bekanntheit erlangte die Theorie der Kontinentalverschiebung jedoch erst zu Beginn des 20. Jahrhunderts unter der Schirmherrschaft des deutschen Meteorologen und Geophysikers Alfred Wegener. In seinem 1915 veröffentlichten Werk „Der Ursprung der Kontinente und Ozeane" stellte Wegener die kühne Hypothese auf, dass die Kontinente keine statischen Gebilde seien, sondern Fragmente einer ursprünglichen Landmasse, die sich im Laufe der geologischen Zeit bewegt habe. Um seine Theorie zu untermauern, nutzte Wegener paläontologische, geologische und klimatische Beweise und betonte die Kongruenz von Fossilien, geologischen Strukturen und klimatischen Mustern zwischen entfernten Kontinenten.

Trotz der Auswirkungen, die Wegeners Theorie hervorrief,

wurde sein ursprünglicher Vorschlag von der damaligen wissenschaftlichen Gemeinschaft stark in Frage gestellt, da es an einem plausiblen Mechanismus zur Erklärung der Bewegung der Kontinente mangelte. Erst nach dem Zweiten Weltkrieg, mit dem Aufkommen neuer Technologien und wissenschaftlicher Ansätze, entwickelte sich die Theorie der Kontinentalverschiebung zur Theorie der Plattentektonik, einem revolutionären Paradigma, das die Existenz von auf dem Erdmantel schwimmenden Lithosphärenplatten postuliert. Erde und die Interaktion miteinander entlang definierter Grenzen.

Die theoretischen Grundlagen, die der Theorie der Kontinentalverschiebung und der darauffolgenden Theorie der Plattentektonik zugrunde liegen, wurden durch vielfältige Beweise aus mehreren wissenschaftlichen Bereichen bestätigt. Besonders hervorzuheben sind die paläontologische Übereinstimmung und die Beobachtung geologischer Verbindungen auf entfernten Kontinenten, deren Ähnlichkeit und Verbindung beredt auf eine gemeinsame Geschichte schließen lässt.

Die Ähnlichkeit der auf verschiedenen Kontinenten gefundenen Fossilien war einer der Grundpfeiler für die Hypothese, dass diese Landmassen eine gemeinsame geologische Geschichte hatten. Die Entdeckung identischer oder eng verwandter versteinerter Arten an geographisch entfernten Orten, wie etwa das Vorkommen derselben Gattungen ausgestorbener Pflanzen und Tiere in Regionen, die heute durch riesige Wassermassen getrennt sind, lieferte unwiderlegbare Beweise für eine frühere Verbindung zwischen Territorien, die zunächst A Auf den ersten Blick wirkten sie distanziert und isoliert. Eine solche paläontologische Konvergenz hat die konventionelle Erklärung der biologischen Ausbreitung und Migration von Arten in Frage gestellt und stattdessen einen komplexeren und dynamischeren geografischen Kontext nahegelegt.

Darüber hinaus ergänzte die Beobachtung geologischer

Verkrustungen die paläontologischen Beweise und lieferte greifbare Informationen über die geologischen Prozesse, die die Erdoberfläche im Laufe der Zeit geformt haben. Insbesondere die Identifizierung geologischer Strukturen und Felsformationen, die sich kontinuierlich über Kontinentalgrenzen erstreckten, die zuvor als durch riesige Ozeane getrennt galten, festigte die Annahme, dass solche Landmassen zu einem bestimmten Zeitpunkt in der Erdgeschichte aneinandergrenzend gewesen seien. Als bemerkenswertes Beispiel wurde das Appalachen-Gebirge, das sich vom Osten der Vereinigten Staaten bis zu den Britischen Inseln erstreckt, als geologische Kontinuität interpretiert, die sich über zuvor verbundene Kontinente erstreckt.

Die Verbindung dieser Beweise, kombiniert mit einer kritischen Untersuchung der morphologischen, geologischen und biologischen Eigenschaften der Kontinente, legte somit den Grundstein für ein neues Verständnis der Planetendynamik. Die Erkenntnis der Existenz einer gemeinsamen und miteinander verflochtenen Geschichte zwischen einst zusammenhängenden Kontinenten löste eine konzeptionelle Revolution in der Geologie aus und markierte den Beginn einer neuen Ära der Erforschung und Entdeckung im Bereich der Geowissenschaften.

Neben den Beiträgen von Alfred Wegener und James Hutton gibt es weitere bemerkenswerte Persönlichkeiten und historische Momente, die eine bedeutende Rolle bei der Entwicklung des Vorspiels zur Theorie der Plattentektonik spielten.

Alexander von Humboldt (1769–1859) – Dieser deutsche Naturforscher, Geograph und Entdecker ist weithin für seine wissenschaftlichen Expeditionen in Südamerika zwischen 1799 und 1804 bekannt. Während seiner Reisen sammelte Humboldt umfangreiche geografische, geologische und biologische Daten sowie seine Beobachtungen wurden in seinem monumentalen Werk mit dem Titel „Reise in die Äquinoktialregionen des neuen Kontinents" (1814-1829) zusammengestellt. Humboldt betonte die Bedeutung eines interdisziplinären Ansatzes bei der

Erforschung der Natur, und seine ganzheitliche Sicht auf die Erde als vernetztes dynamisches System beeinflusste spätere Wissenschaftler maßgeblich, darunter auch diejenigen, die zur Entwicklung der Theorie der Plattentektonik beitrugen.

Harry Hess (1906–1969): Hess war ein amerikanischer Geologe und Marineoffizier, dessen Forschungen während des Zweiten Weltkriegs zu wichtigen Beiträgen zum Verständnis der Meeresgeologie führten. Im Jahr 1960 stellte Hess seine Theorie der Meeresbodenausbreitung vor, die postulierte, dass sich unterseeische Rücken durch Vulkanismus entlang mittelozeanischer Rücken bilden, wo ständig neue ozeanische Kruste entsteht. Die Entdeckung eines symmetrischen Magnetbandes am Meeresboden durch Maurice Ewing und Bruce Heezen im Jahr 1961 lieferte zusätzliche Unterstützung für Hess' Theorie und führte zu einer breiten Akzeptanz der Plattentektonik.

Marie Tharp (1920–2006) und Bruce Heezen (1924–1977): Tharp und Heezen arbeiteten in den 1950er Jahren intensiv bei der Kartierung des Meeresbodens zusammen. Ihre detaillierten Arbeiten enthüllten das Vorhandensein eines zentralen U-Boot-Rückens im Atlantischen Ozean, der als Central Mountain Range bekannt ist. Atlantic Ridge und ein angrenzendes tiefes Tal. Diese Entdeckungen lieferten entscheidende Beweise für die Theorie der Ausbreitung des Meeresbodens und für das Verständnis der Bewegung tektonischer Platten.

Bedeutende Fortschritte bei Kartierungs- und Überwachungstechnologien wie Seismologie, Gravimetrie, magnetische Datenanalyse und die Erfindung von GPS waren im Laufe des Jahrhunderts für die Bestätigung und Verfeinerung der Theorien der Plattentektonik von entscheidender Bedeutung. XX und Anfang des XXI. Diese Technologien haben es Wissenschaftlern ermöglicht, präzise Daten über Plattenbewegungen zu sammeln und die innere Struktur und Dynamik der Erde mit beispielloser Präzision abzubilden.

Die Beiträge dieser Persönlichkeiten und die Entwicklung dieser Technologien waren von grundlegender Bedeutung für die Entwicklung des Wissens über die Plattentektonik und bildeten eine solide Grundlage für das Verständnis der geologischen Prozesse, die unseren Planeten formen.

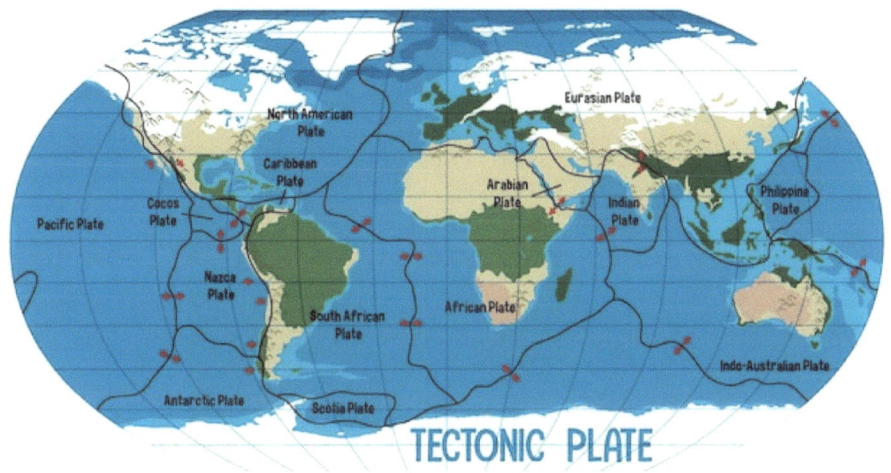

Tektonische Platten sind riesige Gesteinsblöcke, die die Erdkruste bilden und sich entlang des Erdmantels bewegen. Es gibt mehrere große und einige kleinere tektonische Platten. Nachfolgend sind die Namen der wichtigsten tektonischen Platten und ihre Lage aufgeführt:

1. Nordamerikanische Platte: Deckt einen Großteil Nordamerikas, Grönlands und einen Teil des Atlantischen Ozeans ab.

2. Südamerikanische Platte: Deckt den größten Teil Südamerikas ab.

3. Pazifische Platte – Sie liegt hauptsächlich unter dem Pazifischen Ozean und ist die größte tektonische Platte.

4. Afrikanische Platte: erstreckt sich über weite Teile Afrikas.

5. Eurasische Platte – Umfasst den größten Teil Europas und Asiens.

6. Indo-Australische Platte: umfasst Indien, Australien, Teile des

Indischen Ozeans und die südliche Region Asiens.

7. Antarktische Platte: Bedeckt den größten Teil der Antarktis.

Darüber hinaus gibt es kleinere Platten, wie unter anderem die Nazca-Platte, die Philippinische Platte und die Karibische Platte, die eine wichtige Rolle bei tektonischen Bewegungen und der Bildung geologischer Strukturen auf der Erde spielen.

KAPITEL 2: KONZEPTIONELLE GRUNDLAGEN DER PLATTENTEKTONIK

Das Verständnis der Erddynamik und der Entwicklung der Erdoberfläche wird durch die sorgfältige Erforschung der Schlüsselkonzepte der Theorie der Plattentektonik bereichert. Diese Konzepte, die für die Interpretation laufender geologischer Prozesse von wesentlicher Bedeutung sind, beschreiben die komplexen Wechselwirkungen zwischen den Gesteinsmassen, die die Lithosphäre der Erde bilden, und bieten einen wesentlichen konzeptionellen Rahmen für das Verständnis der Mechanismen, die die Topographie der Erde auf temporären Skalen formen.

Einer der Grundpfeiler der Theorie der Plattentektonik liegt in der Konzeption von Plattengrenzen, wo die primären Wechselwirkungen zwischen den tektonischen Massen stattfinden, die die Erdkruste bilden. Diese Kanten werden in drei verschiedene Kategorien eingeteilt, die jeweils durch einzigartige geologische Prozesse gekennzeichnet sind, die tektonische Phänomene in Aktion widerspiegeln:

Divergente Grenzen: Als eine der grundlegenden Arten tektonischer Grenzen zeichnen sie sich durch die allmähliche Trennung und Trennung benachbarter tektonischer Platten aus, wodurch magmatisches Material aus dem Erdmantel aufsteigen und den entstehenden Raum füllen kann. Dieses als Seafloor Spreading bekannte Phänomen ist der Haupttreiber der Bildung neuer Meereskruste und spielt eine zentrale Rolle in der geologischen Dynamik des Meeresbodens und bei der Gestaltung der Erdtopographie.

Tektonische Aktivität an divergierenden Rändern wird häufig an mittelozeanischen Rücken beobachtet, Ketten von Unterwasserbergen, die entlang der Weltmeere verlaufen. An diesen Orten bewegen sich tektonische Platten voneinander weg, angetrieben durch horizontale Spannungskräfte, die die Spaltung und die Bildung neuer ozeanischer Kruste begünstigen. Wenn sich die Platten auseinanderbewegen, steigt Magma aus dem Erdmantel durch Risse in der Kruste auf, füllt Hohlräume und verfestigt sich, um neue Segmente ozeanischer Kruste zu bilden.

Die Ausbreitung des Meeresbodens entlang divergierender Ränder wird durch eine Reihe unterschiedlicher geologischer Merkmale belegt. Mittelozeanische Rücken zeichnen sich durch eine hohe, schmale Topographie aus, in der kürzlich erstarrtes Vulkangestein einen zentralen Rücken bildet. Von diesem Rücken aus erstreckt sich die neu gebildete ozeanische Kruste symmetrisch zu beiden Seiten und bildet Tiefseeebenen, die durch Risse und geologische Verwerfungen gekennzeichnet sind.

Neben der besonderen Topographie gehen die divergierenden Ränder auch mit erheblicher vulkanischer Aktivität einher. U-Boot-Vulkanismus kommt entlang mittelozeanischer Rücken häufig vor, wobei häufige Eruptionen von Basaltlava zum kontinuierlichen Wachstum der ozeanischen Kruste beitragen. Diese Eruptionen bilden geologische Strukturen, die als Vulkankegel und Eruptionsspalten bekannt sind und direkte Zeugen des Prozesses der Bildung neuer ozeanischer Kruste sind.

Divergente Kanten stellen daher einen wesentlichen Aspekt der globalen tektonischen Dynamik dar und spielen eine entscheidende Rolle bei der Entstehung und Entwicklung der Ozeane sowie der fortschreitenden Ausdehnung der Erdkruste. Eine detaillierte Untersuchung dieser tektonischen Grenzen liefert wertvolle Informationen über die ablaufenden geologischen Prozesse und die Entwicklung der Erdoberfläche über geologische Epochen hinweg.

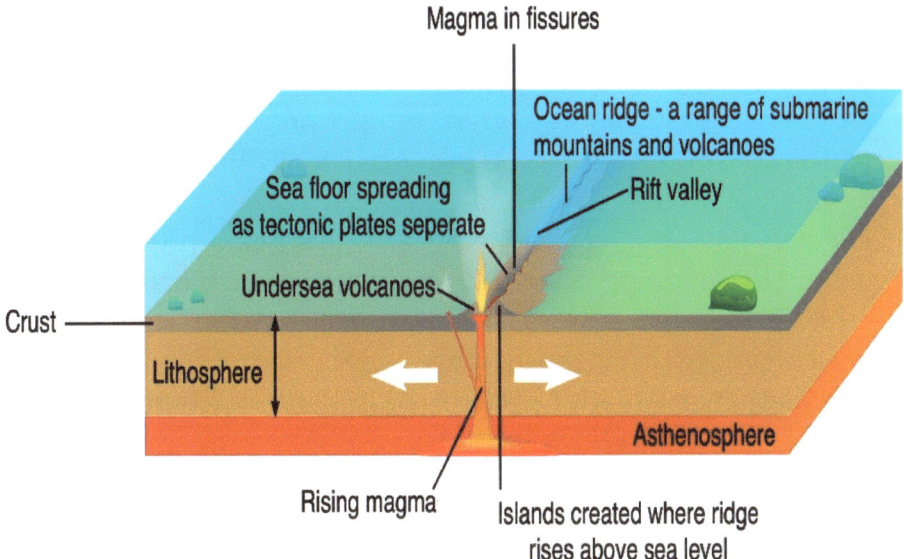

Magma in fissures

Ocean ridge - a range of submarine mountains and volcanoes

Sea floor spreading as tectonic plates seperate

Rift valley

Crust

Undersea volcanoes

Lithosphere

Asthenosphere

Rising magma

Islands created where ridge rises above sea level

Konvergente Grenzen: Sie sind eine grundlegende Kategorie tektonischer Grenzen und stellen Orte dar, an denen sich zwei tektonische Platten einander nähern, was zu komplexen geologischen Wechselwirkungen führt, die die Morphologie und Struktur der Erdkruste prägen. Dieses Phänomen ist untrennbar mit der Subduktion, Kollision und dem Recycling der ozeanischen und kontinentalen Lithosphäre verbunden und löst eine Reihe überraschender geologischer Prozesse aus, zu denen vulkanische Aktivität, die Bildung von Gebirgsketten und die Verformung der Erdkruste gehören.

Subduktion ist einer der Hauptprozesse, die an konvergenten Rändern beobachtet werden und auftritt, wenn eine dichte ozeanische Platte unter eine benachbarte Kontinentalplatte sinkt. Dieses Phänomen geht normalerweise mit intensiver seismischer und vulkanischer Aktivität einher, da die ozeanische Platte gezwungen ist, in den Erdmantel einzusinken. Als Ergebnis dieses Prozesses können sich tiefe Meeresgräben bilden, die einige der tiefsten Merkmale der Lithosphäre der Erde darstellen, beispielsweise den Marianengraben im Pazifischen Ozean.

Neben der Subduktion können konvergente Ränder auch Schauplatz von Kontinentalkollisionen sein, bei denen zwei dichte Kontinentalplatten aufeinandertreffen und sich gegenseitig komprimieren. Diese Kollision führt zur Bildung spektakulärer Gebirgsketten, die durch hoch aufragende Gipfel, markante geologische Verwerfungen und eine Vielzahl von Erosionsprozessen gekennzeichnet sind. Ein klassisches Beispiel für dieses Phänomen ist die Entstehung des Himalaya, wo die Kollision zwischen der indischen und der eurasischen Platte zum kontinuierlichen Aufstieg dieses majestätischen Gebirges geführt hat.

Vulkanische Aktivität ist ein weiteres charakteristisches Merkmal konvergenter Kanten, die durch das teilweise Schmelzen von subduziertem Gesteinsmaterial und aufsteigendem Magma aus dem Erdmantel entstehen. Dieses Magma ist häufig mit flüchtigen Stoffen und chemischen Elementen angereichert, was zur Bildung explosiver Vulkane und Stratovulkane entlang von Subduktionszonen führt. Diese Vulkane sind ein Kennzeichen konvergenter Grenzen und können erheblich zum Aufbau und zur Entwicklung der Erdtopographie beitragen.

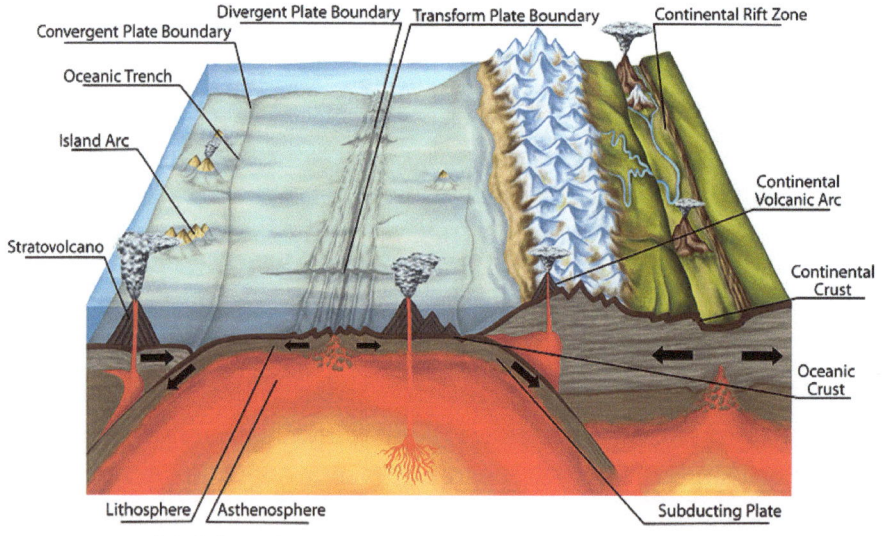

Subduktion, Plattentektonik: Bildnachweis von Shutterstock

Transformkanten: Sie werden auch als Transformstörungen bezeichnet und stellen tektonische Grenzen dar, an denen zwei Platten entlang tiefer und ausgedehnter geologischer Verwerfungen seitlich aneinander vorbeigleiten. Dieses Phänomen ist durch eine horizontale Bewegung entlang von Transformfehlern gekennzeichnet, die oft zu erheblicher seismischer Aktivität und der Freisetzung von Spannungen führt, die sich im Laufe der geologischen Zeit angesammelt haben.

Diese tektonischen Grenzen sind durch bemerkenswerte geologische Verwerfungen gekennzeichnet, wie beispielsweise die berühmte San-Andreas-Verwerfung in Kalifornien, USA, die eine der am besten untersuchten und bekanntesten Transformationsverwerfungen der Welt darstellt. Entlang dieser und ähnlicher Verwerfungen werden seitliche Bewegungen zwischen benachbarten tektonischen Platten beobachtet, die im Laufe der geologischen Zeit zu erheblichen Verschiebungen führen können.

Seismische Aktivität ist ein herausragendes Merkmal von Transformkanten, wobei entlang der damit verbundenen Verwerfungen häufig Erdbeben auftreten. Diese Erdbeben werden durch die Bewegung tektonischer Platten erzeugt, wenn diese entlang von Transformationsverwerfungen gleiten und miteinander interagieren. Diese seismische Aktivität kann je nach Geschwindigkeit der Plattenbewegung und lokalen geologischen Eigenschaften in Intensität und Häufigkeit variieren.

Neben Erdbeben können Transform Ridges auch von anderen geologischen Phänomenen begleitet sein, etwa der Entstehung von Unterwassergebirgsketten und der Bildung von Ozeanbecken. Diese Prozesse werden durch die relative Bewegung tektonischer Platten und die Wechselwirkung von Transformationsstörungen mit anderen geologischen Merkmalen der Region beeinflusst.

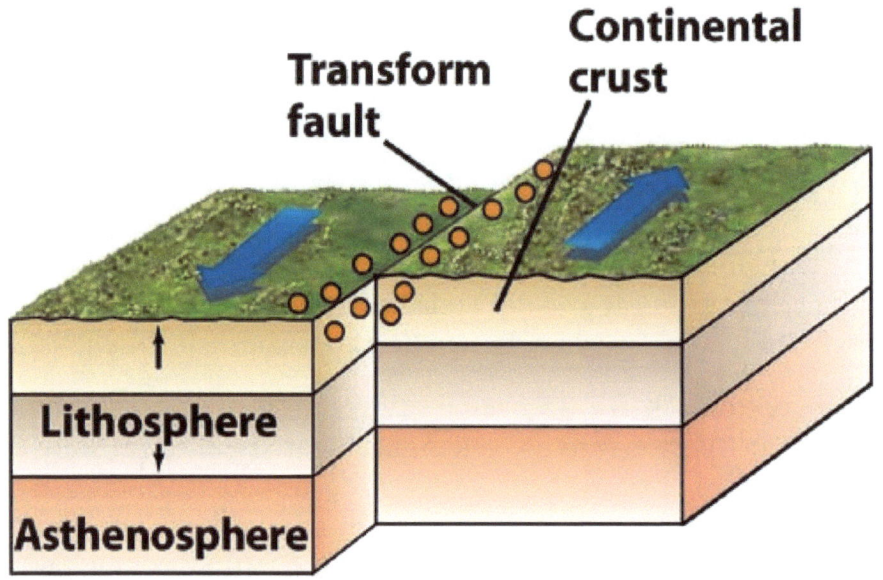

TRANSFORM FAULT BOUNDARY

Eine Studie durchgeführt vonJason D. Chaytor, Forschungsgeologe beim United States Geological Survey, befasst sich mit der plattentektonischen Aktion in der nordöstlichen Karibik, die in der National Oceanic and Atmospheric Administration (NOAA) veröffentlicht wurde, und zeigt, dass Puerto Rico zusammen mit den Jungferninseln in einem liegt aktives Grenzgebiet zwischen der Nordamerikanischen Platte und der nordöstlichen Ecke der Karibischen Platte. Die etwa 80 Millionen Jahre alte Karibische Platte hat eine ungefähr rechteckige Form und bewegt sich relativ zur Nordamerikanischen Platte mit einer Geschwindigkeit von etwa zwei Zentimetern pro Jahr nach Osten. Die Bewegung entlang ihres nördlichen Randes, in der Plattengrenzzone, erfolgt hauptsächlich seitlich, mit einer kleinen Subduktionskomponente, bei der eine Platte unter eine andere sinkt.

Im Gegensatz dazu überlappt die Karibische Platte, wenn sie

nach Osten vordringt, die Nordamerikanische Platte und bildet den Inselbogen der Kleinen Antillen, wo es aktive Vulkane gibt. Derzeit gibt es in Puerto Rico und auf den Jungferninseln keine vulkanische Aktivität und die letzten aktiven Vulkane stammen aus der Zeit vor etwa 30 Millionen Jahren.

Der Puerto-Rico-Graben im Norden des Landes ist der tiefste Teil des Atlantischen Ozeans mit einer Wassertiefe von über 8.300 Metern (5,2 Meilen), vergleichbar mit den tiefen Gräben des Pazifischen Ozeans. Während Gräben im Pazifik dort entstehen, wo eine tektonische Platte unter eine andere gleitet, befindet sich der Puerto-Rico-Graben an einer Grenze zwischen zwei übereinander verlaufenden Platten mit nur einer geringen Subduktionskomponente. Die Tiefe des Grabens variiert je nach Größe der Subduktionskomponente und ist umso geringer, je größer diese Komponente ist.

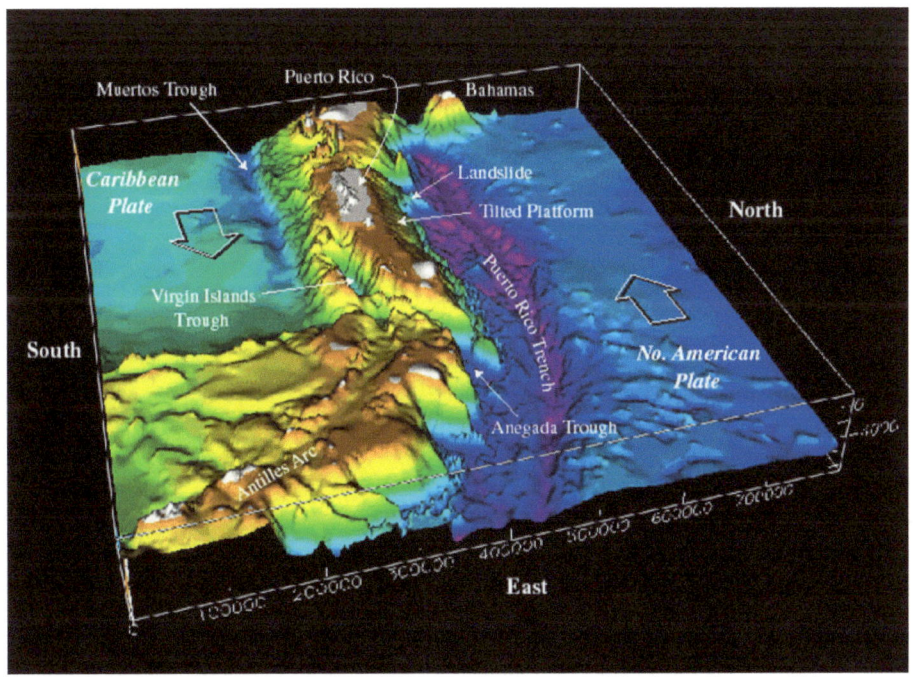

Termimetrie der nordöstlichen Ecke der Karibischen Platte. Bild mit freundlicher Genehmigung des US Geological Survey

Die außergewöhnliche Tiefe des Meeresbodens beschränkt sich nicht nur auf den Graben, der sich nach Süden in Richtung Puerto Rico erstreckt, wo eine dicke Plattform aus Kalkstein (Karbonat), die ursprünglich in flachen Schichten nahe dem Meeresspiegel abgelagert wurde, nun gleichmäßig nach Norden geneigt ist. Sein nördlicher Rand liegt in einer Tiefe von 4.200 Metern (2,6 Meilen), während sein südlicher Rand in Puerto Rico, einige hundert Meter über dem Meeresspiegel, an Land ragt.

Südlich von Puerto Rico und den Jungferninseln spiegeln Merkmale wie die Los-Muertos-Senke und tiefe Sedimentbecken wie die Whiting- und Jungferninseln-Becken weitere vergangene und aktuelle tektonische Aktivitäten wider. Diese lange geologische Geschichte der Plattengrenzenaktivität hat zur Bildung komplexer, noch weitgehend unbekannter Unterwasserlandschaften geführt.

Die Region zeichnet sich durch eine hohe Seismizität und eine Geschichte schwerer Erdbeben aus. Beispielsweise ereignete sich 1943 nordwestlich von Puerto Rico ein Erdbeben der Stärke 7,5, gefolgt von Erdbeben der Stärke 8,1 bzw. 6,9 nördlich von Hispaniola in den Jahren 1946 und 1953. Weitere bedeutende seismische Ereignisse sind ein Erdbeben im Jahr 1787 (Stärke 8,1), möglicherweise im Puerto-Rico-Graben, und ein weiteres im Jahr 1867 (Stärke 7,5) im Anegada-Graben südlich der Jungferninseln.

Darüber hinaus besteht in der Region ein klares Tsunamirisiko. Kurz nach dem Erdbeben von 1946 traf ein Tsunami den Nordosten Hispaniolas, breitete sich mehrere Kilometer landeinwärts aus und verursachte zahlreiche Ertrinkungsopfer. Im Jahr 1918 löste ein Erdbeben der Stärke 7,5 im Nordwesten von Puerto Rico einen Tsunami aus, der mindestens 40 Menschen tötete.

In der Karibik werden verschiedene Ursachen für Tsunamis beobachtet, darunter Erdbeben, Unterwasser-Erdrutsche, Unterwasser-Vulkanausbrüche, pyroklastische Unterwasserströme und große Tsunamis, die als Teletsunamis bekannt sind. Aufgrund seiner Bevölkerungsdichte und der ausgedehnten Bebauung in Küstennähe ist Puerto Rico einem erheblichen Erdbeben- und Tsunamirisiko ausgesetzt.

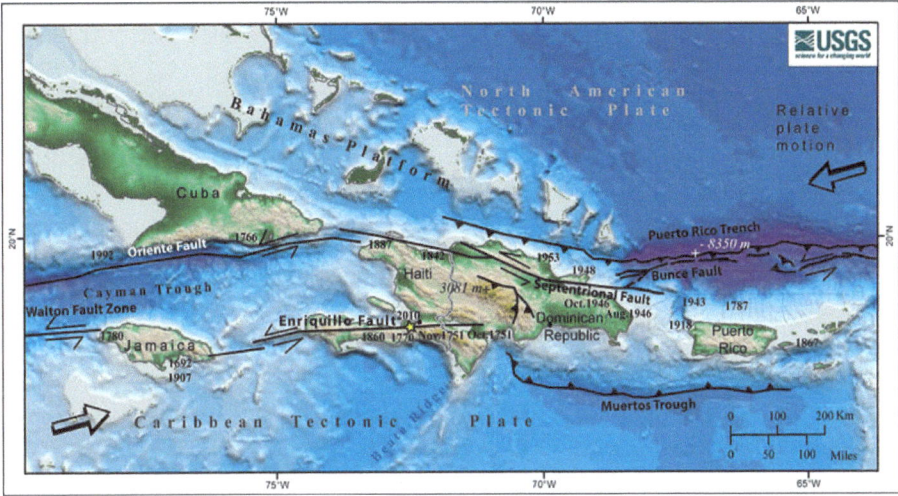

Karte der Grenze der nordamerikanischen und karibischen tektonischen Platten. Farben zeigen die Tiefe unter dem Meeresspiegel und die Höhe an Land an. Die fett gedruckten Zahlen geben die Jahre historischer mittelgroßer Erdbeben (mehr als Stärke 7) an, die neben ihren ungefähren Standorten angegeben sind. Das Sternchen gibt den Ort des Erdbebens vom 12. Januar 2010 in Haiti an. Die Balkenbettungslinien zeigen die Grenze, an der eine Platte oder ein Block unter eine andere sinkt. Dicke Linien mit Halbpfeilen stellen Verwerfungen dar, entlang derer sich zwei Blöcke seitlich schneiden. Bild mit freundlicher Genehmigung des US Geological Survey

Eine weitere relevante Information sind paläomagnetische Beweise, die eine entscheidende Rolle bei der Validierung und dem Verständnis der Theorie der Plattentektonik spielen. Diese Beweise basieren auf der Analyse der in alten Gesteinen erhaltenen magnetischen Aufzeichnungen, die wertvolle Informationen über die Position und Ausrichtung von Kontinenten im Laufe der geologischen Zeit liefern.

Das Erdmagnetfeld wird durch die Bewegung elektrischer Ströme im äußeren Erdkern erzeugt, der hauptsächlich aus flüssigem Eisen besteht. Dieses Magnetfeld ist grundsätzlich dipolar, das heißt, es hat einen magnetischen Nordpol und einen magnetischen Südpol. Im Laufe der Erdgeschichte hat sich das Magnetfeld in Richtung und Intensität verändert, und Gesteine, die zu unterschiedlichen Zeiten in der Erdgeschichte entstanden sind, behalten einen „Fingerabdruck" des Magnetfelds, das zum Zeitpunkt ihrer Entstehung existierte. Sie formten

Durch die Untersuchung der magnetischen Eigenschaften alter Gesteine können Geologen die Richtung und Stärke des Magnetfelds zum Zeitpunkt der Entstehung dieser Gesteine bestimmen. Dies geschieht durch die Analyse magnetischer Mineralien wie Magnetit, die bei ihrer Entstehung dazu neigen, sich an den magnetischen Feldlinien der Erde auszurichten. Wenn Gesteine unter eine bestimmte Temperatur, die sogenannte Curie-Temperatur, abgekühlt werden, „sperren" diese Mineralien ihre magnetische Ausrichtung und bewahren so ein Bild des damals herrschenden Magnetfelds.

Durch die Untersuchung von Gesteinen unterschiedlichen Alters und unterschiedlicher Standorte auf der ganzen Welt können Geologen die Geschichte der Kontinentalverschiebung und der Bewegungen tektonischer Platten rekonstruieren. Beispielsweise haben Gesteine, die in verschiedenen Breitengraden entstanden sind, unterschiedliche magnetische Richtungen, was die Bewegung der Kontinente im Laufe der geologischen Zeit widerspiegelt. Darüber hinaus ist das Vorhandensein magnetischer Umkehrungen, bei denen das Erdmagnetfeld seinen Nord- und Südpol umkehrt, auch in vielen alten Gesteinen offensichtlich, was zusätzliche Beweise für die Dynamik des Erdmagnetfelds und der Kontinentaldrift liefert. .

Daher sind paläomagnetische Beweise ein leistungsstarkes Werkzeug zur Rekonstruktion plattentektonischer Bewegungen und zur Validierung der Theorie der Plattentektonik und bieten einen einzigartigen Einblick in die geologische Geschichte der Erde.

In den letzten Jahren wurden erhebliche Fortschritte beim Verständnis und der Modellierung tektonischer Prozesse sowie bei der Verbesserung der Beobachtungs- und Datenerfassungstechnologie erzielt. Diese Fortschritte haben eine detailliertere und präzisere Analyse der plattentektonischen Dynamik und damit verbundener geologischer Phänomene ermöglicht. Zu den bemerkenswertesten neuen Funktionen gehören die folgenden:

Fortschrittliche Computermodellierung: Die Verbesserung der Computertechnologie hat es möglich gemacht, immer ausgefeiltere Modelle zur Simulation tektonischer Prozesse zu erstellen. Diese Modelle berücksichtigen eine Vielzahl von Variablen, wie z. B. die Mantelviskosität, die Wärmeverteilung innerhalb der Erde und die Wechselwirkung tektonischer Platten. Diese Simulationen tragen zu einem tieferen Verständnis darüber bei, wie verschiedene Faktoren die Plattenbewegung beeinflussen, und helfen bei der Vorhersage zukünftiger Szenarien.

Hochaufgelöste Bilder aus dem Erdinneren: Neue bildgebende Verfahren wie die seismische Tomographie haben es ermöglicht, detaillierte Bilder des Erdinneren in bisher unerreichter Auflösung zu erhalten. Diese Techniken ermöglichen die Identifizierung von Strukturen wie Mantelplumes, Subduktionszonen und geologischen Verwerfungen und ermöglichen so ein genaueres Verständnis der Struktur tektonischer Platten und ihrer Wechselwirkungen.

Kontinuierliche Überwachung der seismischen und vulkanischen Aktivität: Globale seismische und vulkanische Überwachungsnetzwerke ermöglichen die Echtzeitüberwachung der geologischen Aktivität auf globaler Ebene. Dazu gehören Erdbeben, Vulkanausbrüche und tektonische Plattenbewegungen. Diese Echtzeitdaten sind unerlässlich, um die Verteilung und Muster der geologischen Aktivität besser zu verstehen und damit verbundene Naturrisiken vorherzusagen und zu mindern.

Erkundung wenig bekannter Gebiete: Mit der Weiterentwicklung der Unterwassererkundungstechnologie wurden bisher wenig erforschte Gebiete wie mittelozeanische Rücken und

Tiefseegräben detaillierter untersucht. Diese Erkundung hat zu überraschenden Entdeckungen geführt, darunter neue Meeresarten, einzigartige geologische Formationen und bisher unbekannte tektonische Prozesse. Diese Entdeckungen haben unser Wissen über die Dynamik der Plattentektonik und geologische Unterwasserprozesse erweitert.

Die Auswirkungen der Plattentektonik auf die Geographie und das Leben auf der Erde sind tiefgreifend und vielfältig. Die Bewegung tektonischer Platten spielt eine entscheidende Rolle bei der Entstehung und Konfiguration von Kontinenten, Ozeanen und Landformen. Darüber hinaus beeinflusst es direkt das Klima, die Verteilung von Ökosystemen und die Entwicklung der Arten im Laufe der geologischen Zeit.

Tektonische Plattenbewegungen können zur Trennung von Kontinenten, zur Bildung von Gebirgszügen, zur Öffnung und Schließung von Ozeanbecken sowie zu Veränderungen der ozeanischen und atmosphärischen Zirkulation führen. Dies hat erhebliche Auswirkungen auf die Verteilung terrestrischer Biome, die Bildung von Wüsten, die Schaffung geografischer Barrieren für die Artenmigration und die Gestaltung regionaler Klimamuster.

Darüber hinaus können tektonische Aktivitäten wie Erdbeben und Vulkanismus direkte Auswirkungen auf das Leben auf der Erde haben. Erdbeben können zur Zerstörung natürlicher Lebensräume, zur Vertreibung menschlicher Bevölkerung und zu Schäden an der Infrastruktur führen. Vulkane können das Klima durch den Ausstoß von Gasen und Partikeln in die Atmosphäre vorübergehend verändern und so die globale Temperatur und die chemische Zusammensetzung der Atmosphäre beeinflussen.

Andererseits kann die Plattentektonik auch günstige Lebensbedingungen schaffen. Beispielsweise kann vulkanische Aktivität den Boden mit Mineralien anreichern, die für das Pflanzenwachstum wichtig sind. Durch die Bildung von Gebirgszügen können vielfältige ökologische Lebensräume entstehen und die biologische Vielfalt gefördert werden. Darüber hinaus kann die Kontinentalverschiebung den Artenaustausch zwischen Kontinenten erleichtern und so die Evolution und Anpassung von Organismen vorantreiben. In den letzten Jahren wurden Fortschritte beim Verständnis der Plattentektonik durch technologischen Fortschritt und die Zusammenarbeit zwischen Wissenschaftlern aus verschiedenen Bereichen vorangetrieben. Diese Zusammenarbeit hat zu einem umfassenderen und detaillierteren Blick auf die geologischen Prozesse geführt, die die Erdoberfläche formen, und ermöglicht so ein klareres Verständnis der mit diesen Phänomenen verbundenen Naturgefahren.

Kurz gesagt, die Plattentektonik übt einen tiefgreifenden und komplexen Einfluss auf die Geographie und das Leben auf der Erde aus. Plattenbewegungen prägen natürliche Umgebungen, beeinflussen Klima- und Biodiversitätsmuster und wirken sich direkt auf das Überleben und Wohlergehen von Arten, einschließlich des Menschen, aus. Dieses bessere Verständnis tektonischer Prozesse ist für die Vorhersage und Eindämmung von Naturgefahren und für ein effektiveres Management unseres Planeten von entscheidender Bedeutung.

KAPITEL 3: MESSUNG UND ÜBERWACHUNG DER PLATTENTEKTONIK

In diesem Kapitel betreten wir den komplexen Bereich der Messung und Überwachung im Bereich der Plattentektonik, einem Forschungsgebiet, das die Mechanismen aufdeckt, die tellurischen Bewegungen zugrunde liegen. In diesem Abschnitt werden wir auf eine Forschungsreise mitgenommen, die über die Erdoberfläche hinausgeht und die Fortschritte und Herausforderungen erkundet, die mit der Erfassung und Analyse geodätischer und geophysikalischer Daten verbunden sind. Diese Bemühungen, die tief in den Grundlagen der geologischen Wissenschaft verwurzelt sind, decken nicht nur die intrinsische Dynamik des Planeten auf, sondern beschreiben auch die modernsten Techniken und Technologien, die dabei zum Einsatz kommen. Durch eine gründliche Analyse der seismischen und vulkanischen Aktivität versucht dieses Kapitel nicht nur, geodynamische Phänomene zu erläutern, sondern auch Unterstützung für die Formulierung von Präventions- und Managementstrategien für geologische Risiken zu bieten. Daher ist der Eintritt in dieses Kapitel nicht nur ein Eintritt in die Abgründe der wissenschaftlichen Forschung, sondern auch eine Einladung, die Rätsel zu lösen, die im Inneren der Erde lauern und unser Verständnis der Welt, in der wir leben, zu prägen.

Messtechniken: Bei der Erforschung der Plattentektonik spielt die Präzision der Messungen eine zentrale Rolle für das Verständnis der Bewegungen und Wechselwirkungen tektonischer Platten. Unter den verwendeten Techniken sticht die Satellitengeodäsie als grundlegendes Werkzeug hervor. Mithilfe globaler Positionierungssysteme wie GPS ermöglicht diese Technik die Erkennung minimaler Änderungen der Position der Platten im Laufe der Zeit. Diese verfeinerten und konsistenten

Messungen bilden eine solide Grundlage für die geodynamische Analyse und ermöglichen eine genaue Quantifizierung der Plattenverschiebungsraten und die Identifizierung von Bewegungsmustern.

Ein weiterer entscheidender Ansatz ist die hochpräzise Seismologie. Über Netzwerke weltweit verteilter seismischer Stationen zeichnen Wissenschaftler Erdbeben auf und analysieren ihre Eigenschaften, um seismische Aktivitäten in tektonischen Grenzgebieten zu kartieren. Diese seismischen Messungen liefern wertvolle Informationen über die räumliche und zeitliche Verteilung seismischer Ereignisse und ermöglichen ein tieferes Verständnis der tektonischen Aktivität auf globaler Ebene.

Neben Techniken der Geodäsie und Seismologie spielen auch andere Messinstrumente eine wichtige Rolle bei der Analyse der Plattentektonik. Mithilfe der Magnetometrie wird beispielsweise die Verteilung des Erdmagnetfelds kartiert und magnetische Anomalien im Zusammenhang mit geologischen Strukturen wie Subduktionszonen und mittelozeanischen Rücken identifiziert. Ebenso wird die Gravimetrie verwendet, um Schwankungen der Schwerkraft der Erde abzubilden, die Massenverteilung in der Erdkruste aufzudecken und Informationen über die Struktur und Entwicklung tektonischer Platten zu liefern.

Bildgebende Technologien: Im Rahmen der Plattentektonikforschung spielen bildgebende Technologien eine entscheidende Rolle bei der Visualisierung und Analyse der Eigenschaften der Plattentektonik und ihrer Wechselwirkungen. Eine der bekanntesten Techniken ist die seismische Tomographie, die Erdbebendaten nutzt, um die innere Struktur der Erde abzubilden. Durch die Analyse seismischer Wellen, die durch Erdbeben erzeugt werden, können Wissenschaftler dreidimensionale Bilder der Verteilung von Materialien und Strukturen auf dem Planeten rekonstruieren. Dies liefert relevante Informationen über die Zusammensetzung und Dynamik der Plattentektonik und hilft, zugrunde liegende geologische Prozesse wie Subduktion und magmatische Intrusion zu identifizieren.

Eine weitere wichtige Technologie ist das Sidescan-Sonar, das häufig zur Kartierung des Meeresbodens eingesetzt wird. Diese Technik nutzt Schallwellen, um hochauflösende Bilder des Unterwasserreliefs zu erstellen und geologische Merkmale wie mittelozeanische Rücken, Tiefseegräben und tektonische Verwerfungen sichtbar zu machen. Darüber hinaus ist Sidescan-Sonar für die Identifizierung von Unterwassermerkmalen, die mit tektonischer Aktivität in Zusammenhang stehen, wie Unterwasservulkanen und Gebirgszügen, unerlässlich.

Neben den genannten Techniken spielen auch andere bildgebende Verfahren eine wichtige Rolle in der Plattentektonikforschung. Magnetometrie wird beispielsweise verwendet, um die Verteilung des Erdmagnetfelds abzubilden und Informationen über die Struktur und Entwicklung der Plattentektonik zu liefern. Ebenso wird interferometrisches Radar mit synthetischer Apertur (InSAR) verwendet, um Oberflächenverschiebungen millimetergenau zu messen und so Verformungen der Erdkruste im Zusammenhang mit tektonischer Aktivität zu erkennen.

Interferometrisches Radar mit synthetischer Apertur (InSAR) ist eine geodätische Technik zur Identifizierung von Bewegungen auf der Erdoberfläche. Mit InSAR durchgeführte Beobachtungen sind in der Lage, Veränderungen in der Erdkruste im Zusammenhang mit geophysikalischen Prozessen wie tektonischen Aktivitäten und Vulkanausbrüchen zu erkennen, zu messen und zu überwachen. Darüber hinaus kann InSAR Bodensenkungen identifizieren, die durch anthropogene Einflüsse wie Grundwasserexploration oder Kohlenwasserstoffgewinnung verursacht werden. In Kombination mit bodengestützten geodätischen Überwachungssystemen, beispielsweise globalen Navigationssatellitensystemen, ist InSAR in der Lage, Oberflächenbewegungen mit einer räumlichen Auflösung von

Millimetern bis Zentimetern zu identifizieren.

Diese Technik ist in einer Vielzahl von Studien im Zusammenhang mit Oberflächenverformungen anwendbar, wie zum Beispiel:

- Senkung und Hebung, die durch anthropogene Aktivitäten wie Grundwasser- oder Kohlenwasserstoffentnahme oder Reinjektion in Reservoirs während der Kohlenstoffabscheidung und -speicherung verursacht werden.

- Bei Erdbeben kam es zu koseismischen Verformungen.

- Postseismische und interseismische Verformung in kortikalen Verwerfungen zwischen Erdbeben.

- Inflation/Deflation unterirdischer Magmakammern vor Vulkanausbrüchen.

- Überwachung von Oberflächenbewegungen in städtischen Umgebungen.

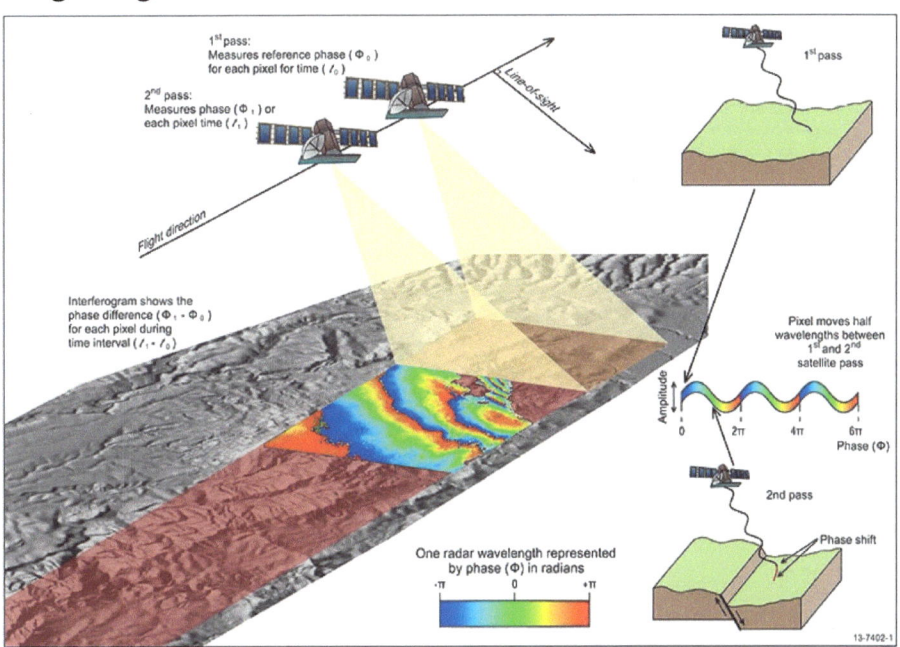

Zwei SAR-Bilder desselben Gebiets werden zu unterschiedlichen Zeiten aufgenommen. Wenn sich die Oberfläche zwischen den beiden Aufnahmen bewegt, wird eine Phasenänderung aufgezeichnet. Ein Interferogramm bildet diesen Phasenwechsel räumlich ab. QUELLE und BILD: Australische Regierung;*Geowissenschaften Australien*

InSAR verwendet zwei oder mehr SAR-Bilder (Synthetic

Aperture Radar) einer Region, um Oberflächenbewegungen im Zeitverlauf zu verfolgen. Fernerkundungssatelliten, die SAR-Bilder aufnehmen, senden Mikrowellenenergieimpulse an die Erdoberfläche und zeichnen die Menge der reflektierten Energie auf. Aufgrund der geringen Empfindlichkeit gegenüber Wolken und Regen ermöglicht der Einsatz von Mikrowellenenergie den Betrieb bei allen Wetterbedingungen.

SAR-Bilder enthalten Daten über die Erdoberfläche in Form von Amplituden- und Phasenkomponenten des reflektierten Radarsignals. Das Amplitudenbild liefert Informationen über die Topographie und Oberflächenbeschaffenheit, während das Phasenbild den Abstand zwischen dem Satelliten und der Erdoberfläche verrät.

Differential InSAR verwendet zwei SAR-Bilder derselben Region, die zu unterschiedlichen Zeiten aufgenommen wurden. Wenn sich der Abstand zwischen Boden und Satellit zwischen den beiden Aufnahmen aufgrund von Oberflächenbewegungen ändert, ändert sich die Phase des Signals (Abbildung 1).

Bei räumlicher Betrachtung wird die Phasenverschiebung als „gewelltes" Signal innerhalb eines Bereichs von 2 Radianten dargestellt, das als Reihe von Interferenzstreifen in einem Interferogramm erscheint (Abbildung 2A). Durch das Abwickeln dieses Interferogramms wird die Anzahl der Streifen angepasst, um ein kontinuierliches Feld relativer Phasenänderung bereitzustellen (Abbildung 2B). Das Interferogramm enthält zunächst mehrere Signalkomponenten, wie zum Beispiel Trümmer aufgrund der Umlaufbahn des Satelliten und atmosphärische Schwankungen während der beiden Aufnahmen. Nach der Verarbeitung einer Reihe von Interferogrammen ist es möglich, die Signalkomponente zu isolieren, die sich auf die Oberflächenbewegung bezieht.

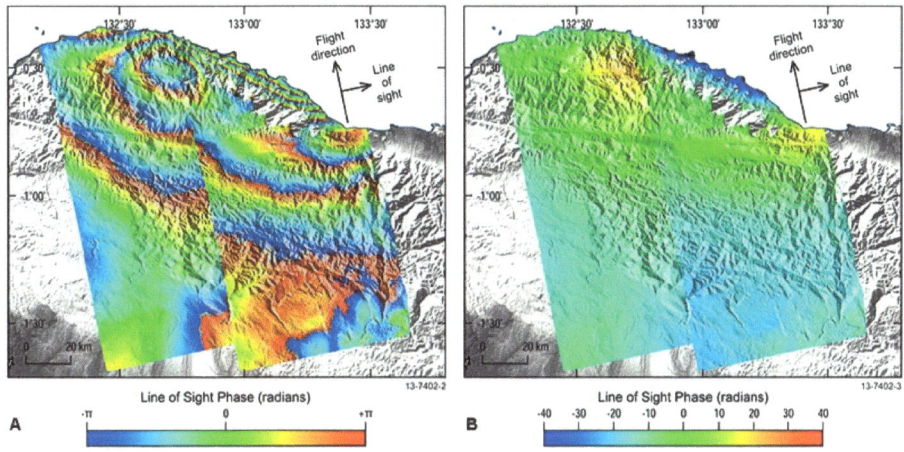

*Abbildung 2: Eingepacktes (A) und ausgepacktes (B) Interferogramm eines Erdbebendubletts in West-Papua, Indonesien, erstellt mit Daten des japanischen ALOS-Satelliten. Die Erdbeben der Stärke 7,6 und 7,4 ereigneten sich am 3. Januar 2009 im Abstand von 3 Stunden und wurden verursachtvon subducHieroder im Manokwari-Meeresgraben, der istErliegt nördlich der Küste. Phase NrErDas Packen im Bogenmaß kann in „Mudan" umgewandelt werdenw„Reichweite" oder Verschiebung in TausendDortMessgeräte mit Kenntnis der Wellenlänge des Satellitenradars.QUELLE und BILD: Australische Regierung;***Geowissenschaften Australien***

Durch die Integration einer Reihe von Interferogrammen über eine bestimmte Region ist es möglich, Geschwindigkeitskarten und Zeitreihenprodukte zu erstellen (Abbildung 3). Eine Geschwindigkeitskarte liefert Informationen über die Oberflächenverschiebung jedes Bildpixels während des Beobachtungszeitraums, während das Zeitreihenprodukt die Entwicklung der Oberflächenpositionen eines Pixels zu jedem Erfassungszeitpunkt aufzeichnet. Ersteres ist nützlich für die Kartierung kontinuierlicher geophysikalischer Prozesse im Zeitverlauf, beispielsweise der Akkumulation von Verformungen an einer verriegelten Krustenstörung. Letzteres ist nützlich, um geophysikalische Prozesse zu identifizieren, die zeitlich stark variieren und Schwankungen in der Richtung der Oberflächenverschiebung verursachen können, wie im Fall des Aufblasens und Entleerens einer Magmakammer unter einem aktiven Vulkan.

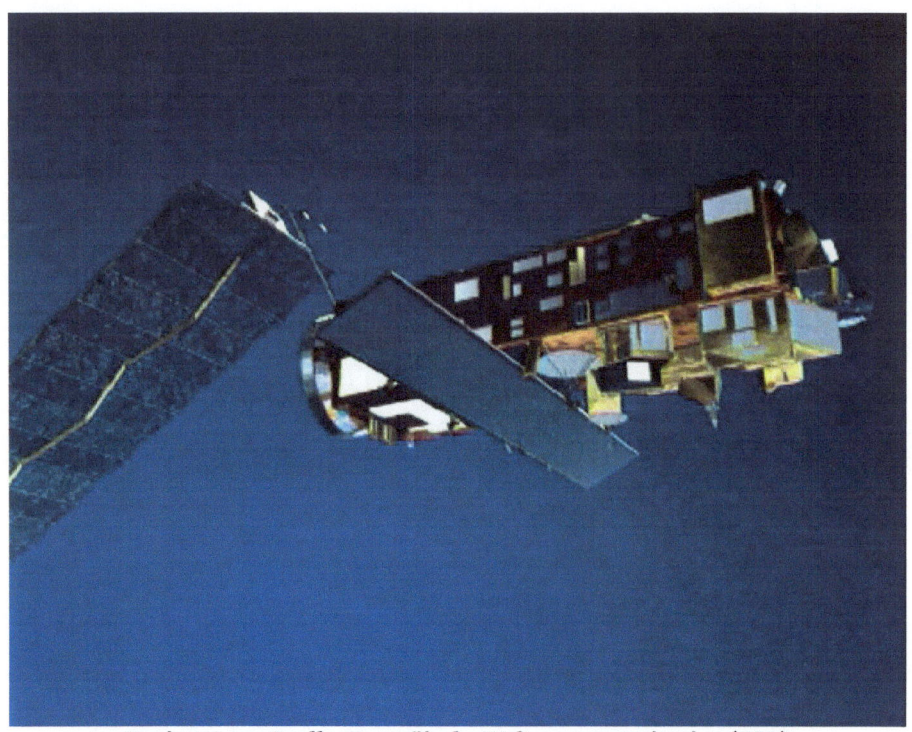

Envisat Asar: Quelle: Europäische Weltraumorganisation (ESA)

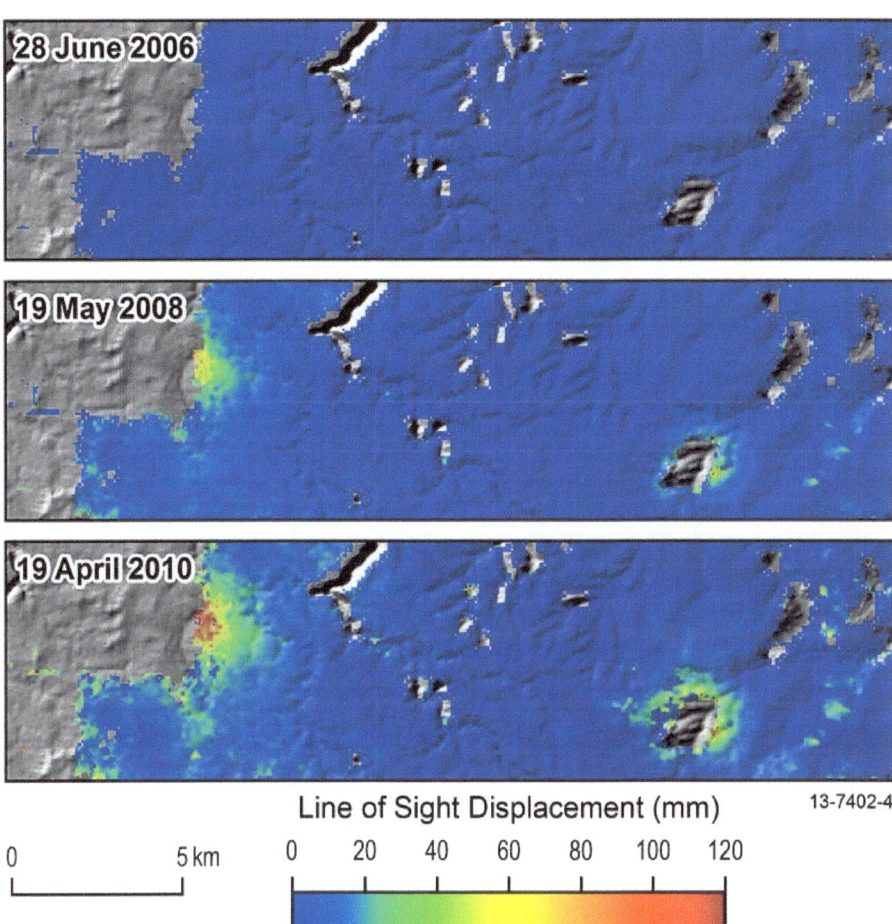

Line of Sight Displacement (mm)   13-7402-4

0   5 km   0   20   40   60   80   100   120

Abbildung 3: InSAR-Zeitreihenprodukt, das die kumulative
Oberflächenverschiebung im Zeitverlauf für eine kleine Region in den
Kohlerevieren im Süden von New South Wales zeigt. Eindimensionale
Verschiebungsbeobachtungen erfolgen in der Sichtlinie des Satelliten.
der geneigte Weg zwischen dem Boden und der Position des Satelliten.
Die positive Polarität des Signals in zwei anomalen Bereichen
weist auf eine Entfernung vom Satelliten (d. h. Sinken) hin.

KAPITEL 4:EINE EVOLUTIONÄRE ANALYSE SEISMISCHER SKALEN: VON DER RICHTER-GRUNDLAGE BIS ZUR KOMPLEXITÄT DER MOMENT-MAGNITUDE

Die Richterskala ist eine Magnitudenskala zur Quantifizierung der bei einem Erdbeben freigesetzten Energie. Es wurde 1935 vom Seismologen Charles F. Richter aus Kalifornien, USA, entwickelt. Ursprünglich war es zur Messung von Erdbeben in der Region Kalifornien konzipiert, entwickelte sich jedoch im Laufe der Zeit zu einem weltweit anerkannten Instrument zur Klassifizierung von Erdbeben.

Die Skala ist logarithmisch, was bedeutet, dass eine Erhöhung um einen Punkt auf der Skala einer zehnfachen Vergrößerung der Amplitude der seismischen Welle und einer etwa 31,6-fachen Freisetzung von Energie entspricht. Beispielsweise setzt ein Erdbeben der Stärke 6 etwa 31,6-mal mehr Energie frei als ein Erdbeben der Stärke 5.

Im Laufe der Jahre wurde die Richterskala einigen Überarbeitungen und Verbesserungen unterzogen. Einer der Hauptgründe dafür war die Notwendigkeit, die Messgenauigkeit insbesondere bei großen Erdbeben zu verbessern. Die ursprüngliche Richterskala hatte Einschränkungen hinsichtlich der maximalen Entfernung, in der sie effektiv eingesetzt werden konnte, und der Fähigkeit, sehr große Erdbeben zu messen.

Heutzutage wurde die Richterskala weitgehend durch die Momentenmagnitudenskala (oder einfach Momentenmagnitude) ersetzt, die ein genaueres Maß für die gesamte bei einem Erdbeben freigesetzte Energie darstellt. Allerdings wird umgangssprachlich immer noch der Begriff „Richter-Skala" verwendet, um die Stärke eines Erdbebens zu beschreiben, obwohl die tatsächliche Stärke mithilfe anderer, fortgeschrittenerer Skalen bestimmt wird.

Um die große Bandbreite an Energie zu berücksichtigen, die bei Erdbeben unterschiedlicher Stärke freigesetzt wird, verwendet die Richterskala einen ähnlichen Ansatz wie die Sterngrößenskala in der Astronomie, die die Helligkeit von Sternen und anderen Himmelsobjekten beschreibt. Beide Skalen verwenden eine logarithmische Skala mit einer Basis von 10.

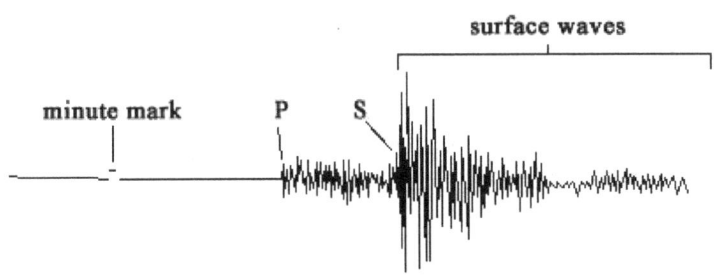

Anhand leicht messbarer Werte auf der grafischen Aufzeichnung des Seismographen wird der Wert nach folgender Gleichung berechnet:

$$M = \log_{10} A + 3\log_{10}(8\Delta t) - 2,92 = \log_{10}\left(\frac{A \cdot \Delta t^3}{1,62}\right)$$

ZU= Amplitude seismischer Wellen in Millimetern, direkt im Seismogramm gemessen.

In= Zeit in Sekunden vom Beginn der P-Wellenfolge (primär) bis zum Eintreffen der S-Wellen (sekundär).

METER= beliebige, aber konstante Stärke, anwendbar auf Erdbeben, die die gleiche Energiemenge freisetzen.

Die Energiefreisetzung während eines Erdbebens, die in direktem Zusammenhang mit seiner Zerstörungskraft steht, entspricht der Kraft von 3/2 der seismischen Amplitude. Somit entspricht ein Magnitudenunterschied von 1,0 einer Multiplikation der durch das Erdbeben freigesetzten Energie um den Faktor \(31,6\), während ein Magnitudenunterschied von 2,0 einer Multiplikation um den Faktor \(1.000\) entspricht.

Aufgrund der Einschränkungen des zur Entwicklung der Skala verwendeten Wood-Anderson-Torsionsseismographen kann die ursprüngliche Magnitude M_L für Erdbeben mit Magnituden größer als $6,8$ nicht berechnet werden. Es wurden mehrere Erweiterungen der lokalen Magnitudenskala vorgeschlagen, wobei die Oberflächenwellenmagnitude MS und die Körperwellenmagnitude Mb am beliebtesten sind.

Aufgrund dieser Einschränkung verwendet das internationale seismische Überwachungssystem diese Skala nur zur Bestimmung der Energie, die von Erdbeben mit Stärken zwischen $2,0$ und $6,9$ freigesetzt wird, mit Hypozentren in Tiefen von 0 in 400 Kilometer. Wenn ein Erdbeben eine Stärke größer als $6,9$ hat, ist die Richterskala nicht mehr anwendbar und die Stärke wird anhand der Magnitudenskala des seismischen Moments (M_w) bewertet.

Trotz ihrer weiten Verbreitung und Verwendung weist die seismologische Richterskala bei ihrer breiten Anwendung mehrere Schwierigkeiten auf, was dazu führt, dass sie im Vergleich zu neuen Skalen, die auf der Grundlage physikalisch messbarer Parameter entwickelt wurden, zunehmend veraltet ist.

Das Hauptproblem bei der lokalen Magnitude ML oder Richters Magnitude liegt in der Schwierigkeit, einen Zusammenhang mit den physikalischen Eigenschaften des Erdbebenherdes herzustellen. Darüber hinaus gibt es aufgrund des seismischen Spektrumverteilungsgesetzes von Gutenberg-Richter einen Sättigungseffekt für Magnituden nahe $8,3–8,5$, der zu ähnlichen Magnitudenschätzungen für Erdbeben unterschiedlicher Intensität führt. .

In den letzten Jahrzehnten des 20. Jahrhunderts und zu Beginn des 21. Jahrhunderts begannen die meisten Seismologen, traditionelle Größenskalen als veraltet zu betrachten und wurden nach und nach durch eine physikalisch bedeutsamere Messung namens seismisches Moment ersetzt, die physikalische Parameter wie die Größe der seismischen Masse in Beziehung setzt . Bruch und die durch das Erdbeben freigesetzte Energie.

Im Jahr 1979 schlugen die Seismologen Thomas C. Hanks und

Hiroo Kanamori, Forscher am California Institute of Technology, die seismologische Moment-Magnituden-Skala (M_W) vor, die eine der derzeit verwendeten Referenzen ist.

Die größten seismologischen Zentren der Welt sind Einrichtungen, die sich der Untersuchung und Überwachung von Erdbeben und seismischen Aktivitäten widmen. Zu den wichtigsten seismologischen Zentren gehören:

1. United States Geological Survey (USGS): Dies ist eines der weltweit größten seismologischen Zentren in den Vereinigten Staaten. Bietet umfassende Informationen zu Erdbeben auf der ganzen Welt und betreibt das nationale seismische Netzwerk der USA.

2. Geophysikalisches Institut von Peru (IGP) – Das in Peru ansässige IGP ist eine führende Institution in Lateinamerika in der Forschung und Überwachung seismischer Aktivitäten.

3. Japan Meteorological Agency (JMA): Die JMA ist für die Erdbebenüberwachung in Japan verantwortlich, einem Land, das aufgrund seiner Lage an der Schnittstelle tektonischer Platten anfällig für Erdbeben ist.

4. Nationales Seismologisches Zentrum (CSN) – Das in Chile ansässige CSN ist für die Überwachung von Erdbeben in der Südpazifikregion verantwortlich, die für ihre hohe seismische Aktivität bekannt ist.

5. Europäisch-Mittelmeer-Seismologisches Zentrum (EMSC): Das EMSC mit Sitz in Paris, Frankreich, überwacht und liefert Informationen zu Erdbeben in der Europa-Mittelmeer-Region und darüber hinaus.

In Brasilien ist das seismologische Observatorium der Universität Brasilia (Obsis-UnB) das wichtigste seismologische Zentrum. Das Obsis-UnB ist für die Überwachung der seismischen Aktivität im Land sowie für die Forschung im Zusammenhang mit Erdbeben und Seismologie verantwortlich. Es spielt eine wichtige Rolle beim Verständnis der seismischen Aktivität in Brasilien und der

Minderung der mit Erdbeben verbundenen Risiken.

Zusätzlich zu den oben genannten seismologischen Zentren verfügen viele andere Länder auf der Welt über Institutionen, die sich der Überwachung von Erdbeben und seismischen Aktivitäten widmen. Zu diesen Ländern gehören unter anderem:

1. China – China Earthquake Administration (CEA)

2. Italien – Nationales Institut für Geophysik und Vulkanologie (INGV)

3. Russland – Russische Akademie der Wissenschaften (RAS), Institut für Erdbebenvorhersagetheorie und Mathematische Geophysik

4. Türkiye – Kandilli-Observatorium und Erdbebenforschungsinstitut (KOERI)

5. Mexiko – Nationaler Seismologischer Dienst (SSN)

6. Iran – Institut für Geophysik, Universität Teheran

7. Neuseeland – GeoNet

8. Indonesien – Indonesische Agentur für Meteorologie, Klimatologie und Geophysik (BMKG)

Dies sind nur einige Beispiele, und auch viele andere Länder verfügen über eigene Institutionen, die sich der Untersuchung und Überwachung von Erdbeben und seismischen Aktivitäten widmen.

Diese Zentren spielen zusammen mit vielen anderen auf der ganzen Welt eine entscheidende Rolle bei der Überwachung und Minderung von Risiken im Zusammenhang mit Erdbeben und seismischen Aktivitäten.

Seismologen Beno Gutenberg und Charles F. Richter

KAPITEL 5: SEISMOLOGIE UND ERDBEBEN

Die Seismologie, ein Zweig der Geophysik, der sich der Untersuchung von Erdbeben und seismischen Phänomenen widmet, ist eine äußerst wichtige Disziplin für das Verständnis von Erdbeben und die Minderung der mit diesen Naturereignissen verbundenen Risiken. In diesem Kapitel wird eine detaillierte Untersuchung der Grundprinzipien der Seismologie und der Komplexität von Erdbeben vorgeschlagen, wobei die zugrunde liegenden physikalischen Prozesse, Erkennungs- und Überwachungsmethoden sowie jüngste Fortschritte in diesem Forschungsbereich untersucht werden.

Grundprinzipien der Seismologie: Ausbreitung seismischer Wellen

Die Ausbreitung seismischer Wellen stellt ein komplexes Phänomen dar, dessen Verständnis für die Seismologie von grundlegender Bedeutung ist. Seismische Wellen werden durch tektonische Ereignisse wie Erdbeben erzeugt, breiten sich durch die Erde aus und enthalten Informationen über die Art und Verteilung der beteiligten Kräfte. Es gibt drei Haupttypen seismischer Wellen: Primärwellen (P), Sekundärwellen (S) und Oberflächenwellen (Rayleigh und Love), die jeweils durch unterschiedliche Ausbreitungs- und Verhaltensweisen gekennzeichnet sind.

Primärwellen (P) sind Longitudinalwellen, die sich durch feste und flüssige Medien ausbreiten und sich sowohl im Inneren der Erde als auch auf ihrer Oberfläche bewegen können. Diese Wellen sind die schnellsten und damit die ersten, die nach einem Erdbeben an seismologischen Stationen aufgezeichnet wurden. Seine Fähigkeit, sich in verschiedenen Materialien auszubreiten, beruht auf der abwechselnden Kompression und Ausdehnung der Partikel im Medium.

Sekundärwellen (S) sind Transversalwellen, die sich nur in festen Medien ausbreiten. Diese Wellen sind langsamer als P-Wellen und bewegen sich senkrecht zur Ausbreitungsrichtung, wodurch eine Vibrationsbewegung senkrecht zur Wellenausbreitungsrichtung entsteht. S-Wellen können sich nicht durch Flüssigkeiten ausbreiten und werden daher im flüssigen äußeren Erdkern nicht beobachtet.

Schließlich sind Oberflächenwellen, zu denen Rayleigh- und Love-Wellen gehören, Wellen, die sich entlang der Erdoberfläche ausbreiten und für den Großteil der durch Erdbeben verursachten Schäden verantwortlich sind. Rayleigh-Wellen sind Oberflächenwellen, die kreisförmige Bewegungen von Teilchen in der Ebene senkrecht zur Ausbreitungsrichtung erzeugen, während Love-Wellen Oberflächenwellen sind, die horizontale Bewegungen senkrecht zur Ausbreitungsrichtung erzeugen. Beide Wellen sind das Ergebnis der Wechselwirkung von P- und S-Wellen mit der Erdoberfläche und sind entscheidend für das Verständnis der Ausbreitung und Auswirkung von Erdbeben.

Innere Struktur der Erde:

Die Untersuchung der inneren Struktur der Erde ist unerlässlich, um die geologischen und seismischen Prozesse zu verstehen, die im Inneren des Planeten ablaufen. Aus der Analyse der durch Erdbeben erzeugten seismischen Wellen lässt sich auf die Zusammensetzung und Verteilung der verschiedenen geologischen Schichten schließen, aus denen die Erde besteht.

Die Erdkruste ist die äußerste und dünnste Schicht der Erde und besteht aus festen Gesteinen, die in tektonische Platten fragmentiert sind. Unterhalb der Kruste befindet sich der Mantel, eine dickere Region, die aus festen und teilweise geschmolzenen Gesteinen besteht. Der Erdmantel ist in einen oberen und einen unteren Erdmantel mit unterschiedlichen physikalischen und chemischen Eigenschaften unterteilt.

Im Erdkern befinden sich der äußere Kern und der innere Kern. Der äußere Kern ist ein flüssiger Bereich aus Eisen und Nickel, der sich unter dem Mantel befindet, während der innere Kern ein fester Bereich aus denselben Materialien ist, der sich im Zentrum des Planeten befindet.

Zwischen den verschiedenen geologischen Schichten gibt es wichtige Diskontinuitäten, die abrupte Übergänge in den physikalischen und chemischen Eigenschaften des Erdmaterials markieren. Die Mohorovičić-Diskontinuität (Moho) beispielsweise trennt die Kruste vom Mantel und ist durch eine Änderung der Geschwindigkeit seismischer Wellen gekennzeichnet. Eine weitere wichtige Diskontinuität ist die Gutenberg-Diskontinuität, die den Mantel vom Kern trennt und den Übergang zwischen festen und flüssigen Materialien markiert.

Hochpräzise Seismometrie

Die hochpräzise Seismometrie stellt einen fortschrittlichen Ansatz zur Erkennung und Überwachung seismischer Ereignisse dar, der durch den Einsatz hochempfindlicher Instrumente und verfeinerter Analysemethoden gekennzeichnet ist. Diese Technik basiert auf der Erfassung und Interpretation seismischer Signale mit äußerster Präzision und ermöglicht die Erkennung von Erdbeben geringer Stärke und die detaillierte Analyse der seismischen Aktivität in Gebieten von geologischem Interesse.

Hochpräzise Seismometer sind Instrumente, die seismische Wellen mit außergewöhnlicher Empfindlichkeit aufzeichnen und selbst kleinste Bodenbewegungen erfassen. Diese Geräte sind mit empfindlichen und hochentwickelten Komponenten wie Beschleunigungs- und Bodengeschwindigkeitssensoren ausgestattet, die es ihnen ermöglichen, kleine Schwingungen, die durch seismische Ereignisse verursacht werden, zu erkennen und aufzuzeichnen.

Neben der Instrumentierung erfordert die hochpräzise Seismometrie auch den Einsatz fortschrittlicher

Datenverarbeitungstechniken wie Spektralanalyse und Rauschfilterung. Diese Methoden ermöglichen es, detaillierte Informationen aus den aufgezeichneten seismischen Signalen zu extrahieren, charakteristische Muster verschiedener Arten seismischer Ereignisse zu identifizieren und diese vom Hintergrundrauschen zu unterscheiden.

Der Einsatz hochpräziser Seismometrie hat sich in verschiedenen Anwendungen als entscheidend erwiesen, von der Überwachung seismischer Aktivität in Risikogebieten bis hin zur Untersuchung geodynamischer Prozesse auf lokaler und regionaler Ebene. Die Fähigkeit, seismische Ereignisse millimetergenau zu erkennen und zu analysieren, ermöglicht ein tieferes Verständnis der tektonischen Aktivität und trägt zur Entwicklung wirksamer Strategien zur Eindämmung und Vorbeugung von Naturkatastrophen bei.

Numerische Modellierung und Simulation

Numerische Modellierung und Simulation sind grundlegende Ansätze bei der Untersuchung seismischer Phänomene und ermöglichen die mathematische und rechnerische Darstellung der physikalischen Prozesse, die an der Erzeugung und Ausbreitung seismischer Wellen beteiligt sind. Diese Methodik basiert auf der Formulierung von Gleichungen, die die Grundgesetze der Physik beschreiben, wie etwa die Bewegungsgleichungen und die Gesetze der Thermodynamik, angepasst, um das komplexe Verhalten des Erdsystems darzustellen.

Durch numerische Modellierung ist es möglich, das Verhalten seismischer Wellen in verschiedenen geologischen Szenarien und unter verschiedenen Randbedingungen zu simulieren. Dazu gehört die Darstellung seismischer Quellen wie Erdbeben und vulkanischer Aktivität sowie die Modellierung der Wellenausbreitung durch heterogene und anisotrope Medien wie Erdkruste und Erdmantel.

Numerische Simulationen werden in Hochleistungsrechnerumgebungen unter Verwendung ausgefeilter Algorithmen und fortschrittlicher numerischer Diskretisierungstechniken durchgeführt. Diese Computermodelle sind in der Lage, die Ausbreitungsmuster seismischer Wellen genau zu reproduzieren und die Auswirkungen von Erdbeben in verschiedenen geografischen Regionen vorherzusagen.

Numerische Modellierung und Simulation haben vielfältige Anwendungen in der Seismologie, von der Vorhersage seismischer Gefahren und der Bewertung der Anfälligkeit ziviler Strukturen bis hin zur Untersuchung der plattentektonischen Dynamik und der Untersuchung großräumiger geodynamischer Prozesse. Dieser Ansatz ermöglicht ein tieferes Verständnis seismischer Phänomene und trägt zur Entwicklung wirksamer Strategien zur Eindämmung und Anpassung an Naturkatastrophen bei.

Multidisziplinäre Studien

Ein multidisziplinärer Ansatz in der seismischen Forschung ist für ein umfassendes Verständnis geodynamischer Phänomene und der damit verbundenen seismischen Risiken unerlässlich. Diese Methodik integriert Daten und Wissen aus verschiedenen wissenschaftlichen Bereichen wie Geographie, Geologie, Geophysik, Geodäsie, Bauingenieurwesen und Informatik für eine ganzheitliche Analyse seismischer Prozesse und ihrer geodynamischen Auswirkungen.

Die Zusammenarbeit zwischen verschiedenen Disziplinen ermöglicht eine tiefere und umfassendere Analyse von Erdbeben und tektonischen Aktivitäten und bietet eine Vielzahl komplementärer Perspektiven und Kenntnisse. Beispielsweise liefert die Geologie Informationen über die geologische Geschichte und Struktur der Erdkruste, während die Geophysik Vermessungsmethoden zur Untersuchung der physikalischen und chemischen Eigenschaften des Erdinneren bereitstellt.

Darüber hinaus bietet die Geodäsie Techniken zur Messung von Bewegungen der Erdkruste und Verformungen der Erdoberfläche, die eine genaue Beurteilung der seismischen Aktivität und der Bewegung tektonischer Platten ermöglichen. Das Bauingenieurwesen vermittelt Kenntnisse über die Widerstandsfähigkeit und Anfälligkeit von Bauwerken gegenüber seismischen Einwirkungen und hilft bei der Entwicklung von Baunormen und Risikominderungsmaßnahmen.

Die Geographie spielt eine grundlegende Rolle in multidisziplinären Studien zu Seismologie und Erdbeben und bietet eine räumliche und kontextbezogene Perspektive, um die Verteilung und Auswirkungen seismischer Ereignisse zu verstehen. Mithilfe dieser Wissenschaft ist es möglich, die geografische Verteilung von Erdbeben zu analysieren, Gebiete mit hohem Erdbebenrisiko zu identifizieren und die Bewegungsmuster tektonischer Platten zu verstehen.

Darüber hinaus trägt die Geographie zum Verständnis der Auswirkungen von Erdbeben auf die Landschaft der Erde und die menschlichen Gemeinschaften bei. Es ermöglicht die Kartierung von Erdbebengebieten, die Identifizierung geografischer und sozioökonomischer Schwachstellen sowie die Bewertung der Reaktions- und Wiederherstellungskapazität der betroffenen Gemeinden.
Auch für das Verständnis der komplexen Wechselwirkungen zwischen tektonischen Prozessen und anderen Naturphänomenen wie Vulkanismus, Tsunamis und Massenbewegungen ist die geografische Analyse unerlässlich. Es hilft dabei, Muster seismischer Aktivität in verschiedenen geografischen Regionen zu identifizieren und sie mit bestimmten geologischen, topografischen und klimatischen Merkmalen in Beziehung zu setzen.

Darüber hinaus bietet diese Wissenschaft eine räumliche

Grundlage für die Integration von Daten und Wissen aus verschiedenen wissenschaftlichen Disziplinen und erleichtert so die Zusammenarbeit zwischen Geologen, Geophysikern, Bauingenieuren, Soziologen und anderen Spezialisten.

Die Informatik spielt eine grundlegende Rolle bei der Analyse und Interpretation großer Mengen seismischer Daten sowie bei der numerischen Modellierung und Simulation von Erdbeben und geodynamischen Prozessen. Der Einsatz fortschrittlicher Datenanalyse- und dreidimensionaler Visualisierungstechniken ermöglicht eine präzisere und detailliertere Analyse seismischer Phänomene und ihrer Folgen.

Zusammenfassend lässt sich sagen, dass multidisziplinäre Studien unerlässlich sind, um das Wissen über Erdbeben und tektonische Aktivitäten zu erweitern und eine solide Grundlage für die Entwicklung von Risikominderungsstrategien und den Schutz menschlicher Gemeinschaften vor den Auswirkungen von Naturkatastrophen zu schaffen. Die Zusammenarbeit zwischen verschiedenen wissenschaftlichen Disziplinen ist von entscheidender Bedeutung, um die komplexen Herausforderungen zu bewältigen, die mit dem Verständnis und der Prävention von Erdbeben verbunden sind.

Detaillierte Studien zur Seismologie und zu Erdbeben haben die Komplexität der geodynamischen Prozesse offenbart, die die Erdkruste formen. Durch die Integration verschiedener wissenschaftlicher Disziplinen haben wir erhebliche Fortschritte beim Verständnis seismischer Phänomene und der Prävention von Naturkatastrophen erzielt.

Fortschrittliche Erkennungs-, Überwachungs- und numerische Modellierungstechniken haben eine präzisere und detailliertere Analyse der seismischen Aktivität und ihrer Auswirkungen ermöglicht.

Doch trotz der erzielten Fortschritte gibt es noch viel zu erforschen und zu verstehen über Erdbeben und ihre Wechselwirkung mit der Umwelt auf der Erde. Die Herausforderung bleibt die Entwicklung fortschrittlicherer Methoden und Technologien sowie die kontinuierliche Zusammenarbeit zwischen Wissenschaftlern verschiedener Disziplinen, um die komplexen Herausforderungen im Zusammenhang mit der Seismologie und dem Schutz von Gemeinden vor seismischen Gefahren zu bewältigen.

Letztendlich ist es von entscheidender Bedeutung, sich weiterhin für wissenschaftliche Forschung und internationale Zusammenarbeit einzusetzen, um das Verständnis von Erdbeben zu verbessern und die Sicherheit und das Wohlergehen der Bevölkerung auf der ganzen Welt zu gewährleisten. Nur durch gemeinsame Anstrengung und kontinuierliches Engagement können wir den Herausforderungen begegnen, die seismische Phänomene mit sich bringen.

KAPITEL 6: TSUNAMI-FORMATIONEN

Bei der Entstehung von Tsunamis ist es wichtig, die Natur dieser extrem starken Meeresphänomene zu verstehen. Tsunamis, auch Tsunamis genannt, sind katastrophale Ereignisse, die durch eine Reihe geodynamischer Faktoren ausgelöst werden und normalerweise mit Erdbeben unter Wasser verbunden sind, aber auch durch Vulkanausbrüche, Erdrutsche unter Wasser und sogar Meteoriteneinschläge entstehen können.

Die Entstehung eines Tsunamis beginnt normalerweise mit einem plötzlichen Ereignis, das den Meeresboden erschüttert, beispielsweise einem Unterwasserbeben. Wenn es in der Erdkruste unter dem Ozean zu einem Bruch kommt, wird eine große Energiemenge freigesetzt, die eine erste Welle auslöst, die als Verschiebungswelle bezeichnet wird. Diese Welle stört die Meeresoberfläche und erzeugt eine Reihe langperiodischer Wellen, die sich vom Ursprungspunkt aus radial ausbreiten.

Durch die plötzliche Verschiebung des Meeresbodens kommt es zu einer Umverteilung der Wassermasse, wodurch eine Welle entsteht, die sich schnell durch das Wasser bewegt. Diese erste Welle ist nur der Anfang dessen, was zu einem verheerenden Phänomen werden könnte. Wenn sich eine Tsunamiwelle durch den Ozean bewegt, kann sie sich mit extrem hohen Geschwindigkeiten ausbreiten und in tiefem Wasser manchmal Hunderte von Kilometern pro Stunde erreichen.

Wenn sie sich jedoch der Küste nähert und auf flacheres Wasser trifft, beginnt diese Welle langsamer zu werden und ihre Höhe nimmt deutlich zu. Dieses Phänomen wird als Tsunami-Verstärkung bezeichnet. Wenn die Welle schließlich die Küste erreicht, kann sie zu großen Überschwemmungen und Massenvernichtungen führen und eine ernsthafte Bedrohung für die Küstengemeinden darstellen.

Tsunami

A tsunami is a giant wave caused by an earthquake or other event that displaces a lot of water.

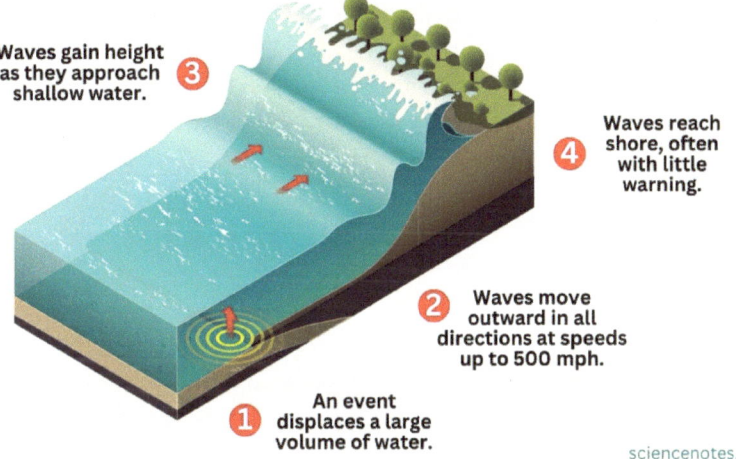

Waves gain height as they approach shallow water. **3**

Waves reach shore, often with little warning. **4**

Waves move outward in all directions at speeds up to 500 mph. **2**

An event **1** displaces a large volume of water.

sciencenotes.org

Bildnachweise

Die besonderen Merkmale von Tsunamis unterscheiden sie in mehrfacher Hinsicht von gewöhnlichen Wellen und verleihen ihnen eine einzigartige und möglicherweise verheerende Natur:

1. Lange Wellenlängen: Im Gegensatz zu normalen Wellen haben Tsunamis außergewöhnlich lange Wellenlängen, die bis zu 200 Meilen erreichen. Diese außergewöhnliche Länge bedeutet, dass der Abstand zwischen benachbarten Wellenkämmen in Meilen oder Kilometern gemessen werden kann, im Gegensatz zu der bescheideneren Wellenlänge von 60 bis 150 m (200 bis 490 Fuß), die für winderzeugte Wellen charakteristisch ist.

2. Hohe Geschwindigkeit: Tsunamis sind für ihre beeindruckende Geschwindigkeit bekannt, die in bestimmten Fällen bis zu 500–800 km/h (310–500 mph) erreichen kann. Diese schnelle Ausbreitung hat wichtige Auswirkungen, da die Reaktionszeit entscheidend ist, um die Auswirkungen von Wellen abzumildern, was die Notwendigkeit wirksamer Frühwarnsysteme und schneller Evakuierungsmaßnahmen unterstreicht.

3.Plötzlicher Anstieg der Höhe: Obwohl Tsunamis in tiefem

Wasser kaum wahrnehmbar sind, nimmt ihre Höhe dramatisch zu, wenn sie sich flacheren Küstengebieten nähern. Dieses Phänomen kann zu einem exponentiellen Anstieg der Wellenhöhe führen und zu erheblichen Verwüstungen führen, wenn sie das Land erreichen. Daher kann es sein, dass ein Schiff, das in tiefem Wasser fährt, nicht von einem Tsunami betroffen ist, der erhebliche Schäden an den Küstengebieten anrichtet.

Laut der Sciense Notes-Website listen wir die 10 Tsunamis mit der größten historischen Bedeutung auf:

1. Tsunami im Indischen Ozean, 2004: Dieser Tsunami wurde durch ein massives Unterwasserbeben vor der Küste von Sumatra, Indonesien, ausgelöst und gilt als eine der tödlichsten Naturkatastrophen in der Geschichte und forderte mehr als 230.000 Todesopfer in 14 Ländern, darunter Thailand und Sri Lanka. und Indien.

2. Tohoku-Tsunami, Japan, 2011: Dieser Tsunami wurde durch ein Erdbeben der Stärke 9,0 ausgelöst und löste die Atomkatastrophe von Fukushima aus, die etwa 16.000 Todesopfer forderte und erhebliche wirtschaftliche Auswirkungen hatte.

3. Tsunami in der Lituya-Bucht, Alaska, 1958: Dieser Tsunami zeichnete sich durch die größte jemals aufgezeichnete Tsunami-Welle mit einer Höhe von 1.720 Fuß aus und wurde durch einen Erdrutsch verursacht, der weniger Menschenleben forderte, aber die gewaltige Kraft des Tsunamis demonstrierte.

4. Großes Erdbeben und Tsunami in Lissabon im Jahr 1755: Am Allerheiligen ereignete sich dieses katastrophale Ereignis, das Lissabon, Portugal, verwüstete und weite Teile Europas und Nordafrikas in Mitleidenschaft zog, wobei die Tsunamiwelle die Karibik erreichte.

5. Krakatoa-Tsunami, Indonesien, 1883: Dieser Tsunami, der durch den Ausbruch des Krakatau-Vulkans ausgelöst wurde, hatte Wellen von bis zu 135 Fuß Höhe und forderte etwa 36.000 Todesopfer. Die Auswirkungen waren noch in einer Entfernung

von 3.000 Meilen zu hören.

6. Messina-Tsunami, Italien, 1908: Dieser Tsunami wurde durch ein Erdbeben in der Straße von Messina verursacht und tötete etwa 80.000 Menschen in Messina und Reggio Calabria.

7. Nankaido-Tsunami, Japan, 1707: Als einer der ersten gut dokumentierten Tsunamis wurde dieses Ereignis durch ein großes Erdbeben verursacht und verursachte in Japan erhebliche Verluste an Leben und Eigentum.

8. Tsunami in Papua-Neuguinea, 1998: Dieser Tsunami, der durch einen Unterwasser-Erdrutsch ausgelöst wurde, erzeugte bis zu 15 Meter hohe Wellen und forderte mehr als 2.200 Todesopfer.

9. Sanriku-Tsunami, Japan, 1896: Dieser für seine großen Höhen bekannte Tsunami war die Folge eines Unterwasserbebens und traf die Küste von Sanriku, Japan, wobei mehr als 22.000 Menschen ums Leben kamen.

10. Tsunami in Chile, 1960: Ausgelöst durch das stärkste Erdbeben, das jemals aufgezeichnet wurde, mit einer Stärke von 9,5, traf dieser Tsunami die gesamte pazifische Region und forderte Todesopfer in weit entfernten Orten wie Hawaii, Japan und den Philippinen.

Diese historischen Tsunamis verdeutlichen deutlich die immense Kraft und die potenzielle Verwüstung dieses Naturphänomens. Das Verständnis dieser Ereignisse kann dazu beitragen, die Vorbereitungs- und Reaktionsstrategien für zukünftige Tsunamis zu verbessern.

Eine weitere relevante Tatsache ist, dass etwa 80 % der Tsunamis im Pazifischen Ozean beobachtet werden, obwohl sie in jedem großen Gewässer, einschließlich Seen, auftreten können. Darüber hinaus spielt die Topographie der Küste eine entscheidende Rolle. Beispielsweise war Japan im Laufe der Geschichte mit mehr als hundert Ereignissen dieser Art konfrontiert, im Gegensatz zum nahegelegenen Taiwan, das nur zwei verzeichnete. Laut NOAA bleibt die genaue Vorhersage von Tsunamis jedoch eine Herausforderung, selbst wenn die Stärke und der Ort des Erdbebens bekannt sind. Geologen, Ozeanographen und Seismologen führen eine detaillierte Analyse jedes Erdbebens durch und geben abhängig von mehreren Faktoren möglicherweise eine Warnmeldung aus oder auch nicht. Allerdings gibt es Frühwarnindikatoren für einen drohenden Tsunami, und automatisierte Systeme können nach einem Erdbeben sofortige Warnungen auslösen und so möglicherweise Leben retten. Ein bemerkenswertes Beispiel ist der Einsatz von an Bojen angebrachten Bodendrucksensoren, die kontinuierlich den Druck der Wassersäule über ihnen überwachen.

In Regionen mit hohem Tsunami-Risiko sind in der Regel Warnsysteme installiert, um die Bevölkerung zu informieren, bevor die Welle die Küste erreicht. An der Westküste der Vereinigten Staaten, wo Tsunamis aus dem Pazifischen Ozean drohen, sind Warnschilder aufgestellt, die auf Evakuierungswege hinweisen.

In Japan, wo sich die Bevölkerung der Bedrohung durch Erdbeben und Tsunamis sehr bewusst ist, erinnern Warnschilder ständig an Naturgefahren. Darüber hinaus gibt es ein Netz von Warnsirenen, die oft auf Klippen in der Nähe von Hügeln angebracht sind.
Das Pacific Tsunami Warning System mit Sitz in Honolulu, Hawaii, überwacht die seismische Aktivität im Pazifischen Ozean. Die Erkennung eines Erdbebens ausreichender Stärke löst zusammen mit anderen relevanten Informationen eine Tsunami-Warnung aus.

Es ist wichtig zu beachten, dass nicht alle Erdbeben in pazifischen Subduktionszonen Tsunamis verursachen. Daher spielen Computer eine entscheidende Rolle bei der Bewertung des mit jedem Erdbeben im Pazifischen Ozean und angrenzenden Landregionen verbundenen Risikos.

Ein weiterer vorherrschender Faktor sind Störungen in der

Ionosphäre, die als Warnsystem eine entscheidende Rolle spielen kann. Während des Erdbebens und Tsunamis in Japan im Jahr 2011 kam es zu mehreren auffälligen Effekten, darunter Wellen in der Landschaft und im Meer, die sich auch in der Ionosphäre widerspiegelten, einer atmosphärischen Schicht oberhalb von 85 Kilometern Höhe, in der Moleküle durch Sonnenstrahlung ionisiert werden. Das Erdbeben erzeugte akustische Wellen und Rayleigh-Wellen, die sich bereits 10 Minuten nach dem Ereignis in der Ionosphäre ausbreiteten. Eine aktuelle Studie untersuchte Beobachtungen wandernder ionosphärischer Störungen (TID) entlang der Flugbahnen zweier GNSS-Satelliten und verglich sie mit TID-Simulationen. Sowohl in Beobachtungen als auch in Simulationen wurden Tsunami Provancing Ionosphere Disruptions (ATIDs) als sekundäre Peaks in der zeitlichen Variation von TIDs identifiziert, die zwischen 30 und 90 Minuten vor dem Eintreffen des Tsunamis auftraten.

Die frühzeitige Erkennung (60 Minuten vor dem Eintreffen des Tsunamis) von TIDs in der Ionosphäre, die sich 10° vor der Schockwelle befinden, macht sie zu einem wichtigen Indikator für die Erkennung des Phänomens in entfernten Gebieten. Dies kann bestehende Tsunami-Frühwarnsysteme ergänzen und eine kostengünstige Lösung bieten.

Darüber hinaus haben einige Zoologen die Hypothese aufgestellt, dass bestimmte Tierarten die Fähigkeit haben, durch Erdbeben oder Tsunamis erzeugte Unterschall-Rayleigh-Wellen zu erkennen. Sollte sich diese Fähigkeit bestätigen, könnte das Verhalten von Tieren als Frühindikator für seismische Aktivität genutzt werden.

Die diesbezüglichen Belege sind jedoch umstritten und noch nicht allgemein akzeptiert. Einige Behauptungen während des Erdbebens in Lissabon deuten darauf hin, dass bestimmte Tiere in höher gelegene Gebiete wanderten, während andere in den betroffenen Gebieten blieben und ertranken. Ähnliche Beobachtungen wurden in Sri Lanka während des Erdbebens im Indischen Ozean 2004 gemacht. Es besteht die Möglichkeit, dass bestimmte Tiere, wie zum Beispiel Elefanten, die Geräusche des Tsunamis wahrnehmen, wenn dieser sich der Küste nähert, und sich dann entfernen. drohender Gefahr. Im Gegenteil, viele Menschen gingen zur Untersuchung an die Küste und verloren dabei ihr Leben.

KAPITEL 7: UMWELT- UND ÖKOLOGISCHE AUSWIRKUNGEN VON TSUNAMIS

Die Küstenregion, auch neritische Zone genannt, stellt eine Übergangszone zwischen der kontinentalen Umgebung und dem Ozean dar. Dieser Raum zeichnet sich durch den Einfluss der Gezeiten und die Fähigkeit des Lichts aus, bis in die tiefsten Schichten vorzudringen und so die Photosynthese zu begünstigen.

Es handelt sich um einen komplexen, dynamischen und sich verändernden Landstreifen, der verschiedenen geologischen Prozessen unterliegt. Die mechanische Einwirkung von Wellen, Strömungen und Gezeiten spielt eine grundlegende Rolle bei der Gestaltung der Eigenschaften von Küstengebieten und führt zu Erosions- oder Ablagerungsprozessen.

Das Verständnis der Auswirkungen von Tsunamis auf die Meeresumwelt ist von entscheidender Bedeutung, um die vollständigen Auswirkungen dieser katastrophalen Ereignisse auf Küstenökosysteme beurteilen zu können. Ziel dieses Kapitels ist es, die durch Tsunamis verursachten Schäden an Korallenriffen, Küstenlebensräumen und Wasserlebewesen zu analysieren und dabei die unmittelbaren und langfristigen negativen Auswirkungen sowie die Auswirkungen auf den Meeresschutz hervorzuheben.

Die Untersuchung der durch Tsunamis an Korallenriffen verursachten Schäden erfordert eine umfassende Analyse der komplexen Wechselwirkungen zwischen Stoßwellen und diesen äußerst vielfältigen Meeresökosystemen. Tsunamis üben erhebliche physikalische Kräfte auf Riffe aus und verursachen vielfältige Auswirkungen, die ihre strukturelle Integrität und ökologische Funktionalität beeinträchtigen.

Durch Tsunamis erzeugte Stoßwellen üben eine direkte mechanische Belastung auf Korallen aus und verursachen physische Schäden, die von Brüchen bis hin zum vollständigen Zerfall von Riffstrukturen reichen. Die Intensität der Wellen kann auch Sedimente und Ablagerungen transportieren, die sich auf den Riffen ablagern, die Korallen bedecken und ersticken können, wodurch der lebenswichtige Austausch von Gasen und Nahrungsmitteln gestört wird.

Darüber hinaus nimmt die Wassertrübung bei Tsunamis aufgrund des Sedimenttransports zu, was negative Folgen für Korallen hat. Die verminderte Durchdringung des Sonnenlichts beeinträchtigt die Photosynthese der Zooxanthellen, symbiotischer Organismen in Korallen, und führt zum Ausbleichen und Absterben dieser Organismen. Ein solcher Verlust verringert nicht nur die biologische Vielfalt der Riffe, sondern wirkt sich auch negativ auf die Struktur und Funktion der Riffökosysteme aus.

Schäden an Korallenriffen während Tsunamis haben langfristige Auswirkungen auf die Gesundheit und Widerstandsfähigkeit dieser wichtigen Meeresökosysteme. Die Erholung nach einem Tsunami kann ein langer und komplizierter Prozess sein, der von mehreren Faktoren beeinflusst wird, die die Geschwindigkeit und das Ausmaß der Erholung bestimmen.

Ein weiteres relevantes Problem ist die Küstenerosion, eine der Hauptauswirkungen von Tsunamis auf die Lebensräume dieser Gebiete. Wenn Stoßwellen die Küste treffen, können sie große Mengen an Sedimenten und Küstenmaterialien entfernen, was zur Zerstörung von Lebensräumen wie Mangroven und Stränden führt. Der Verlust dieser Lebensräume verringert nicht nur die lokale Artenvielfalt, sondern gefährdet auch den natürlichen Schutz vor extremen Klimaereignissen und die Stabilität der Küste.

Zusätzlich zur Erosion können Tsunamis in diesen Gebieten auch zu Sedimentablagerungen führen. Der Sedimenttransport durch Tsunamiwellen kann zur Ansammlung von Sedimentmaterial in Flussmündungen und Mangroven führen und die Wasserqualität und Artenvielfalt in diesen Ökosystemen beeinträchtigen. Übermäßige Sedimentablagerungen können auch Schifffahrtskanäle verstopfen und Fischerei- und Tourismusaktivitäten beeinträchtigen.

Die Zerstörung von Küstenlebensräumen durch Tsunamis hat wichtige Auswirkungen auf die ökologische Widerstandsfähigkeit dieser Ökosysteme. Der Verlust von Mangroven verringert beispielsweise die Sturmschutzkapazität und erhöht die Anfälligkeit der Gemeinden in dieser Region für Extremereignisse. Darüber hinaus kann Küstenerosion zum Verlust von Brut- und Nahrungsgebieten für Meerestiere führen, was Auswirkungen auf die gesamte Nahrungskette hat.

Die Folgen von Tsunamis für das Leben im Meer sind enorm und betreffen verschiedene Aspekte der Meeresbiodiversität und -ökologie. Die Einwirkung von Stoßwellen kann zu direkten Schäden an der Meeresfauna führen, einschließlich der Sterblichkeit empfindlicher Organismen und der Zerstörung lebenswichtiger Lebensräume. Die Entfernung von Mangroven und Seegraswiesen kann Arten wichtige Lebensräume für ihre Fortpflanzung und Nahrungsaufnahme entziehen und so die Lebensfähigkeit ihrer Population gefährden. Darüber hinaus kann die Sedimentablagerung in Flussmündungen und Küstengebieten die Wasserqualität verändern und die Nahrungsverfügbarkeit für benthische und filterfressende Organismen beeinträchtigen. Durch den Sedimenttransport verursachte Trübungen können auch die Photosynthese photosynthetischer Organismen beeinträchtigen und sich auf die Primärproduktion und die Nahrungsverfügbarkeit in der marinen Nahrungskette auswirken. Diese Auswirkungen können Kaskadeneffekte in der gesamten Meeresgemeinschaft auslösen, die zu Veränderungen in der Struktur und Dynamik der

Küstenökosysteme führen. Letztendlich ist das Verständnis der Folgen von Tsunamis für das Meeresleben von entscheidender Bedeutung für die Erhaltung und nachhaltige Bewirtschaftung der Meeresressourcen und die Förderung der Widerstandsfähigkeit der Küstenökosysteme gegenüber Extremereignissen.

Der brasilianische Küstenstreifen erstreckt sich in seinem terrestrischen Teil über mehr als 8.500 Kilometer und umfasst 17 Föderationseinheiten und mehr als vierhundert Gemeinden vom äquatorialen Norden bis zum gemäßigten Süden des Landes.

Darüber hinaus umfasst es den Meeresraum, der durch das Küstenmeer gebildet wird und sich 12 Seemeilen von der Küste entfernt erstreckt. Brasilien verfügt über eines der größten Küstengebiete der Welt, zwischen der Mündung des Flusses Oiapoque in Amapá und Chuí in Rio Grande do Sul. Die Meeresregion beginnt am Küstenstreifen und umfasst den marinen Festlandsockel und die ausschließliche Wirtschaftszone. Zone – AWZ, die sich im Fall Brasiliens bis zu 200 Meilen von der Küste entfernt erstreckt.

Mangrovengebiet in Superagui, Paraná. Foto: Duda Menegassi.

Die Küstenzone Nordamerikas ist riesig und vielfältig und umfasst ein bedeutendes Gebiet entlang der Ost-, West- und Golfküste der Vereinigten Staaten. Dieses Gebiet zeichnet sich durch eine einzigartige Kombination von Meeres-, Flussmündungs- und Landökosystemen aus, die eine grundlegende Rolle in der Ökologie, Wirtschaft und Kultur des Landes spielen.

An der Ostküste stechen Regionen wie die Atlantikküste hervor, die sich von Maine bis Florida erstreckt und eine Vielzahl von Küstenlebensräumen wie Stränden, Flussmündungen, Salzwiesen und Korallenriffen umfasst. Dieses Gebiet ist für seine reiche Artenvielfalt mit einer großen Vielfalt an Meeresarten und Zugvögeln bekannt.

An der Westküste erstreckt sich die Pazifikküste vom Bundesstaat Washington bis nach Kalifornien und bietet eine spektakuläre Küstenlandschaft mit schroffen Klippen, Sandstränden und üppigen Küstenwäldern. Diese Region ist berühmt für ihre natürliche Schönheit und ihre Bedeutung als Lebensraum für Meerestiere wie Seelöwen, Wale und Seevögel.

Kalifornische Küste: Half Moon Bay

In den Vereinigten Staaten umfasst die Golfküste die Bundesstaaten Texas, Louisiana, Mississippi, Alabama und Florida und zeichnet sich durch eine Küstenlandschaft aus, die von ausgedehnten Flussmündungen, Salzwiesen und Mangroven dominiert wird. Dieses Gebiet ist für die kommerzielle Fischerei von entscheidender Bedeutung und bietet Lebensraum für eine Vielzahl von Fisch-, Garnelen- und Schalentierarten.

Neben ihrer Bedeutung für die Umwelt spielt die Küstenzone Nordamerikas eine entscheidende Rolle für die Wirtschaft des Landes, da sie natürliche Ressourcen wie Öl, Erdgas, Meeresfrüchte und Tourismus bereitstellt. Allerdings steht diese Region auch vor großen Herausforderungen, darunter Küstenerosion, Wasserverschmutzung und Anstieg des Meeresspiegels, die die Gesundheit und Widerstandsfähigkeit der Küstenökosysteme und der von ihnen abhängigen Gemeinden gefährden.

Dennoch ist Europas Küstenzone riesig und vielfältig und erstreckt sich über Tausende von Kilometern über den gesamten Kontinent. Diese Region zeichnet sich durch eine große Vielfalt an Landschaften, Ökosystemen und Kulturen aus und spielt eine grundlegende Rolle im Leben der europäischen Länder.

Entlang der Atlantikküste haben Länder wie Portugal, Spanien, Frankreich, das Vereinigte Königreich und Irland eine Küstenlinie, die von beeindruckenden Klippen, Sandstränden, Flussmündungen und geschützten Buchten geprägt ist. Diese Küstengebiete sind bekannt für ihre natürliche Schönheit und ihre Bedeutung als Lebensraum für eine große Vielfalt an Meereslebewesen, darunter Seevögel, Meeressäugetiere und Wanderfische.

An der Nordseeküste stehen Länder wie die Niederlande, Belgien, Deutschland und Dänemark aufgrund der drohenden Küstenerosion und der Notwendigkeit eines Hochwasserschutzes vor besonderen Herausforderungen. Diese Nationen haben fortschrittliche Küstenmanagementsysteme entwickelt, darunter Deiche, Dämme und Entwässerungssysteme, um ihre tief gelegenen Gebiete und Küstenstädte zu schützen.

Im Mittelmeerraum haben Länder wie Spanien, Italien, Griechenland und Kroatien eine Küste voller einsamer Buchten, malerischer Inseln und alter Küstenstädte. Diese Region ist berühmt für ihr mildes Klima, ihre goldenen Sandstrände und ihr reiches kulturelles Erbe, das jedes Jahr Millionen von Touristen anzieht.

Neben ihrer ökologischen und kulturellen Bedeutung spielt die europäische Küstenzone eine entscheidende Rolle für die Wirtschaft der Region, da sie natürliche Ressourcen wie Meeresfrüchte, Salz und Tourismus bereitstellt. Allerdings steht diese Region auch vor erheblichen Herausforderungen wie Wasserverschmutzung, nicht nachhaltiger Küstenentwicklung und den Auswirkungen des Klimawandels, die die Gesundheit und Widerstandsfähigkeit der Küstenökosysteme und der von ihnen abhängigen Gemeinden gefährden.

In Asien ist Japans Küstenzone ein Gebiet von großer geografischer, wirtschaftlicher und kultureller Bedeutung, das sich über die vier Hauptinseln des japanischen Archipels erstreckt: Honshu, Hokkaido, Kyushu und Shikoku, sowie mehrere kleinere Inseln. Diese Region verfügt über eine vielfältige Küstenlandschaft mit Halbinseln, Buchten, Buchten, Stränden, Klippen und Inseln.

Die Küste Japans grenzt im Osten an den Pazifischen Ozean, im Westen an das Japanische Meer und im Süden an das Ostchinesische Meer und bietet eine Vielzahl von Meeres- und Flussmündungsumgebungen. Dieses Gebiet ist für seine reiche Meeresbiodiversität bekannt, die eine große Vielfalt an Fisch-, Krebstier-, Weichtier- und Meeressäugetierarten umfasst.

Neben ihrer Bedeutung für die Umwelt spielt die Küstenzone Japans eine entscheidende Rolle für die Wirtschaft des Landes, da sie natürliche Ressourcen wie Meeresfrüchte, Algen und Mineralien liefert und eine wichtige Handels- und Seeroute darstellt. Japans Küstenstädte sind Zentren wirtschaftlicher und kultureller Aktivitäten und beherbergen geschäftige Häfen, Fischerei- und Tourismusindustrien sowie wichtige historische und kulturelle Stätten.

Japans Küstenzone steht jedoch auch vor großen Herausforderungen, darunter der Gefahr von Tsunamis und Erdbeben, die schwere Schäden an der Küsteninfrastruktur und den örtlichen Gemeinden verursachen können. Darüber hinaus stellen Wasserverschmutzung, nicht nachhaltige Küstenentwicklung und Klimawandel zusätzliche Bedrohungen für die Gesundheit und Widerstandsfähigkeit der Küstenökosysteme des Landes dar.

Um diesen Herausforderungen zu begegnen, hat Japan eine Reihe von Küstenmanagementmaßnahmen umgesetzt, darunter den Bau von Tsunami-Barrieren, die Überwachung der Wasserqualität und die Förderung der nachhaltigen Entwicklung der Küstengemeinden. Diese Initiativen zielen darauf ab, die natürlichen und kulturellen Ressourcen der japanischen Küstenregion zu schützen und ihre Nachhaltigkeit für zukünftige Generationen sicherzustellen.

Insel Miyako/ca. 300 Kilometer von Okinawa entfernt.

Yoron Beach, Japan

KAPITEL 8: ZUKUNFTSPERSPEKTIVEN UND FORSCHUNG IN DER SEISMOLOGIE

Technologische Fortschritte in der Seismologie haben eine Schlüsselrolle bei der Verbesserung des Verständnisses von Erdbeben und der Fähigkeit zur Überwachung und Vorhersage seismischer Ereignisse gespielt. Diese Innovationen decken ein breites Spektrum an Bereichen ab, von der Erkennung und Messung seismischer Bewegungen bis hin zur Analyse und Interpretation von Daten.

Eine der Technologien mit den größten Auswirkungen auf die Seismologie ist die Entwicklung verteilter seismischer Sensornetzwerke. Diese Netzwerke bestehen aus einer Reihe miteinander verbundener seismischer Sensoren, die an verschiedenen geografischen Standorten installiert sind. Sie sind in der Lage, seismische Bewegungen in Echtzeit zu erkennen und aufzuzeichnen und bieten so einen detaillierten Überblick über die seismische Aktivität in einer bestimmten Region. Darüber hinaus sind diese Sensoren in der Regel mit Echtzeit-Datenübertragungstechnologie ausgestattet, die eine schnelle Reaktion auf seismische Ereignisse ermöglicht.

Ein weiterer bedeutender technologischer Fortschritt ist der Einsatz von Erdbeobachtungssatelliten zur Überwachung von Verformungen der Erdkruste. Diese Satelliten sind mit empfindlichen Instrumenten ausgestattet, die kleinste Veränderungen der Erdoberfläche messen können und so tektonische Bewegungen kartieren und Verformungen vor Erdbeben erkennen können. Diese Fernüberwachungsfunktion ist besonders in geografisch komplexen Gebieten nützlich, in denen die Installation von Bodensensoren eine Herausforderung darstellen kann.

Darüber hinaus war die Entwicklung fortschrittlicher Rechenmodelle von grundlegender Bedeutung für die Analyse und Interpretation seismischer Daten. Diese Modelle nutzen komplexe Algorithmen, um das Verhalten von Erdbeben zu simulieren und deren Auswirkungen in verschiedenen Szenarien vorherzusagen. Sie sind in der Lage, eine Vielzahl von Daten, einschließlich seismischer, geologischer und geophysikalischer Daten, zu integrieren und so ein umfassendes Verständnis der zugrunde liegenden tektonischen Prozesse zu ermöglichen.

Aufstrebende Forschungsbereiche in der Seismologie stehen an der Spitze der wissenschaftlichen und technologischen Entwicklung und befassen sich mit komplexen und herausfordernden Fragen im Zusammenhang mit Erdbeben und tektonischen Prozessen. Diese Bereiche stellen vielversprechende Möglichkeiten dar, unser Verständnis seismischer Phänomene zu erweitern und unsere Fähigkeiten zur Risikovorhersage und -minderung zu verbessern. Zu den bemerkenswertesten Bereichen gehören:

1. Seismische Vorbrucherkennung: Einer der interessantesten Bereiche ist die Entwicklung von Methoden zur Erkennung von Erdbebenvorläufersignalen, bekannt als seismische Vorbrucherkennung. Dabei werden fortschrittliche Datenanalysetechniken eingesetzt, um Muster und Anomalien in seismischen Aufzeichnungen zu identifizieren, die auf einen bevorstehenden seismischen Bruch hinweisen können. Die frühzeitige Erkennung dieser Anzeichen kann wertvolle Informationen liefern, um Gemeinden vor drohenden Erdbeben zu warnen.

2. Unsicherheitsmodellierung: Ein weiterer wachsender Forschungsbereich ist die Unsicherheitsmodellierung in der Seismologie, die darauf abzielt, Unsicherheit zu quantifizieren und in seismische Modelle und Vorhersagen einzubeziehen. Dies ist wichtig, um realistische Schätzungen des Erdbebenrisikos zu

erstellen und fundierte Entscheidungen über Minderungs- und Anpassungsmaßnahmen zu treffen. Es werden fortschrittliche statistische Methoden und Simulationstechniken entwickelt, um die Komplexität und Variabilität seismischer Systeme zu berücksichtigen.

3. Integration multidisziplinärer Daten: Wie wir bereits behandelt haben, ist die Integration von Daten aus verschiedenen Quellen und Disziplinen ein immer wichtiger werdendes Forschungsgebiet in der Seismologie. Dazu gehört die Kombination seismischer Daten mit geologischen, geophysikalischen und geodätischen Daten, um ein umfassenderes Verständnis der zugrunde liegenden tektonischen Prozesse zu erhalten. Ein multidisziplinärer Ansatz ist unerlässlich, um die seismische Geschichte einer Region zu rekonstruieren und ihr seismisches Risikopotenzial zu bewerten.

4. Anwendung künstlicher Intelligenz: Der Einsatz künstlicher Intelligenz und maschinellen Lernens wird bei der Analyse und Interpretation seismischer Daten immer häufiger eingesetzt. Diese Techniken können dabei helfen, Muster und Trends in seismischen Daten zu erkennen, die für menschliche Forscher möglicherweise nicht offensichtlich sind. Dies kann zu neuen und unerwarteten Erkenntnissen über seismische Prozesse führen und die Genauigkeit seismischer Vorhersagen verbessern.

5. Überwachung und Modellierung der Krustenverformung: Die Überwachung und Modellierung der Krustenverformung sind Schlüsselbereiche der Forschung, die darauf abzielen, zu verstehen, wie sich Spannungen im Laufe der Zeit aufbauen und abbauen. Dazu gehört der Einsatz fortschrittlicher geodätischer und geophysikalischer Techniken zur Messung von Veränderungen der Erdoberfläche sowie numerischer Modelle zur Simulation des Verhaltens geologischer Verwerfungen. Ein tieferes Verständnis dieser Prozesse ist entscheidend für die Vorhersage und Minderung der mit Erdbeben verbundenen Risiken.

KAPITEL 9: SOZIOÖKONOMISCHE AUSWIRKUNGEN VON ERDBEBEN UND TSUNAMIS

Erdbeben und Tsunamis stellen Bedrohungen dar, die geografische und zeitliche Grenzen überschreiten und tiefgreifende Auswirkungen auf die soziale und wirtschaftliche Struktur der betroffenen Regionen haben. Diese katastrophalen Ereignisse lösen eine Kaskade humanitärer und wirtschaftlicher Folgen aus, die vom irreparablen Verlust von Menschenleben bis zur weitreichenden Zerstörung lebenswichtiger Infrastruktur reicht. Ein umfassendes Verständnis der sozioökonomischen Auswirkungen dieser Phänomene ist nicht nur wichtig, um das Ausmaß der menschlichen Tragödie einzuschätzen, sondern auch, um wirksame Reaktions-, Wiederherstellungs- und Wiederaufbaustrategien zu steuern. In diesem Zusammenhang möchten wir die komplexen sozialen und wirtschaftlichen Entwicklungen untersuchen, die durch Erdbeben und Tsunamis ausgelöst werden, indem wir die dringenden Herausforderungen hervorheben, mit denen die betroffenen Gemeinden konfrontiert sind, und Wege für eine wirksame Reaktion auf diese verheerenden Ereignisse aufzeigen.

Erdbeben und Tsunamis sind Naturphänomene großen Ausmaßes, die neben erheblichen materiellen Schäden auch erhebliche Verluste an Menschen verursachen. Dieser wesentliche Aspekt dieser katastrophalen Ereignisse stellt nicht nur eine unmittelbare humanitäre Tragödie dar, sondern auch eine langfristige Krise, die tiefgreifende Auswirkungen auf die sozialen und wirtschaftlichen Strukturen der betroffenen Regionen hat.

Die durch Erdbeben und Tsunamis verursachten menschlichen Verluste beschränken sich nicht nur auf die Zahl der Todesopfer, sondern umfassen ein breites Spektrum gesundheitlicher und psychosozialer Auswirkungen. Einzelne Überlebende sind häufig mit tiefen emotionalen Traumata konfrontiert, die durch den Verlust ihrer Angehörigen entstehen, sowie mit physischen und psychischen Herausforderungen, die mit der Erfahrung des Überlebens inmitten der Zerstörung einhergehen. Darüber hinaus gehen mit der durch diese Naturkatastrophen verursachten humanitären Notlage häufig die Ausbreitung von Krankheiten, unhygienische Bedingungen und ein Mangel an angemessenen medizinischen Ressourcen einher.

Bezüglich materieller Schäden können Erdbeben und Tsunamis zu massiven Zerstörungen städtischer und ländlicher Infrastruktur führen. Wohn-, Gewerbe- und Industriegebäude werden oft in Schutt und Asche gelegt, während Transportwege, Wasser- und Stromversorgungssysteme und andere lebenswichtige Dienste weitreichende Schäden erleiden. Diese materielle Verwüstung stellt nicht nur einen unmittelbaren wirtschaftlichen Verlust dar, sondern hat auch erhebliche soziale Auswirkungen, einschließlich Bevölkerungsvertreibung, Störung des täglichen Lebens und Destabilisierung der betroffenen Gemeinschaften.

Das Erkennen des Zusammenhangs zwischen den menschlichen und materiellen Aspekten dieser Naturkrisen ist von entscheidender Bedeutung, um einen umfassenden und ganzheitlichen Ansatz zur Abmilderung ihrer Auswirkungen und zur Förderung der Widerstandsfähigkeit der betroffenen Gemeinschaften zu verfolgen.

Ein entscheidender und oft unterschätzter Aspekt von Erdbeben und Tsunamis ist die massive Bevölkerungsvertreibung, die als direkte Folge dieser katastrophalen Ereignisse auftritt. Die Vertreibung der Bevölkerung im In- und Ausland ist ein greifbarer Ausdruck der humanitären und sozialen Folgen dieser Naturkatastrophen, die eine Reihe komplexer Herausforderungen und Auswirkungen mit sich bringen.

Bevölkerungsvertreibung tritt auf, wenn Menschen aufgrund irreparabler struktureller Schäden, drohender Sicherheitsbedrohungen oder des Verlusts des Zugangs zu lebenswichtigen Grundressourcen gezwungen sind, ihre Häuser und Gemeinden zu verlassen. Dies kann zu einer Vielzahl von Schwierigkeiten führen, darunter die Suche nach vorübergehender Unterkunft, eingeschränkter Zugang zu sauberem Wasser und Nahrungsmitteln, Probleme im Bereich der öffentlichen Gesundheit und die Notwendigkeit einer langfristigen Umsiedlung.

Die Auswirkungen von Bevölkerungsvertreibungen sind vielfältig und weitreichend und betreffen nicht nur direkt vertriebene Menschen, sondern auch Aufnahmegemeinschaften und breitere soziale und wirtschaftliche Strukturen. Vertreibung kann zur Auflösung sozialer und gemeinschaftlicher Netzwerke, zur Zersplitterung von Familien und zu erhöhter sozialer und wirtschaftlicher Verwundbarkeit führen, insbesondere bei den am stärksten marginalisierten und gefährdeten Gruppen.

Darüber hinaus kann die Vertreibung der Bevölkerung zu Spannungen und Konflikten in den Aufnahmegemeinden führen, da es einen Wettbewerb um knappe Ressourcen gibt und die lokalen Kapazitäten durch die Ankunft neuer Bewohner überfordert werden. Diese Dynamik kann durch Diskriminierung, Stigmatisierung und soziale Ausgrenzung verschärft werden, was den Umsiedlungsprozess für Vertriebene noch schwieriger und traumatischer macht.

Das Verständnis der sozialen und humanitären Auswirkungen von Vertreibung ist von entscheidender Bedeutung, um wirksame Richtlinien und Programme für humanitäre Hilfe, Wiederaufbau nach Katastrophen und nachhaltige Entwicklung betroffener Gemeinschaften zu entwickeln.

Erdbeben und Tsunamis verursachen für die Gesellschaft erhebliche Kosten für die Wiederherstellung und den

Wiederaufbau der betroffenen Gebiete. Diese Kosten decken ein breites Spektrum an Ausgaben ab, von der Trümmerbeseitigung über die Wiederherstellung lebenswichtiger Infrastruktur bis hin zur Unterstützung betroffener Gemeinden. Ein detailliertes Verständnis der mit Wiederherstellung und Wiederaufbau verbundenen Kosten ist von entscheidender Bedeutung, um wirksame Richtlinien und Strategien zur Katastrophenbewältigung zu entwickeln und eine nachhaltige und belastbare Erholung sicherzustellen.

Die Wiederherstellungs- und Wiederaufbaukosten werden von einer Reihe von Faktoren beeinflusst, darunter dem Ausmaß der durch Erdbeben und Tsunamis verursachten Schäden, der geografischen Größe der betroffenen Gebiete, der Verfügbarkeit finanzieller Ressourcen und der Wirksamkeit von Vorsorgemaßnahmen und Antworten. Diese Kosten können in mehrere Hauptkategorien unterteilt werden, darunter:

1. Trümmerbeseitigung: Der erste Schritt bei der Wiederherstellung nach einer Katastrophe ist die Trümmerbeseitigung. Dazu gehört die Reinigung und Räumung betroffener Bereiche, um einen sicheren Zugang zu ermöglichen und Wiederaufbauarbeiten zu erleichtern. Dies ist eine komplexe und zeitaufwändige Aufgabe, die einen erheblichen Teil der gesamten Wiederherstellungskosten ausmachen kann.

2. Reparatur der Infrastruktur: Erdbeben und Tsunamis verursachen häufig erhebliche Schäden an der Infrastruktur, einschließlich Gebäuden, Straßen, Brücken, Häfen sowie Wasser- und Stromversorgungsnetzen. Die mit der Reparatur und dem Wiederaufbau dieser Infrastrukturen verbundenen Kosten sind erheblich und es kann Jahre, wenn nicht Jahrzehnte dauern, bis sie sich vollständig erholt haben.

3. Unterstützung für betroffene Gemeinden: Von Erdbeben und Tsunamis betroffene Gemeinden benötigen oft finanzielle und materielle Unterstützung, um ihre Grundbedürfnisse wie

Unterkunft, sauberes Wasser, Nahrung, medizinische und psychosoziale Hilfe zu befriedigen. Die mit diesen humanitären Hilfsprogrammen verbundenen Kosten können erheblich sein und müssen sorgfältig verwaltet werden, um eine gerechte und effektive Verteilung der verfügbaren Ressourcen sicherzustellen.

4. Entwicklung von Maßnahmen zur Risikominderung: Zusätzlich zur sofortigen Erholung ist es wichtig, in langfristige Maßnahmen zur Risikominderung zu investieren, um die Anfälligkeit von Gemeinden gegenüber künftigen Erdbeben und Tsunamis zu verringern. Dazu gehören die Umsetzung strengerer Bauvorschriften, die Stärkung kritischer Infrastrukturen, die Aufklärung der Öffentlichkeit über Sicherheitsmaßnahmen und die Schaffung wirksamerer Frühwarnsysteme.

Zusammenfassend lässt sich sagen, dass die Kosten für die Wiederherstellung und den Wiederaufbau nach Erdbeben und Tsunamis erheblich sind und eine erhebliche Belastung für lokale, nationale und internationale Regierungen darstellen können. Investitionen in diese Aktivitäten sind jedoch unerlässlich, um eine nachhaltige und widerstandsfähige Erholung der betroffenen Gebiete zu fördern und das Risiko künftiger Naturkatastrophen zu verringern.

SCHLUSSBETRACHTUNGEN

In dieser Arbeit untersuchen wir eingehend die Dynamik der Plattentektonik, von ihren historischen Ursprüngen bis hin zu zeitgenössischen Entwicklungen in der Seismologie und geologischen Überwachung. Im Laufe dieser Studie wurden mehrere wichtige Schlussfolgerungen gezogen, die zu einem umfassenderen und tieferen Verständnis der geodynamischen Phänomene führten, die die Erdoberfläche formen und das Leben auf unserem Planeten beeinflussen.

Zunächst wurde deutlich, dass die Theorie der Plattentektonik einen paradigmatischen Meilenstein in den Geowissenschaften darstellt und eine Reihe von Beobachtungen und Beweisen in einem kohärenten theoretischen Rahmen vereint. Von Alfred Wegeners frühen Beobachtungen der Kontinentaldrift bis hin zu modernen geodätischen und seismologischen Überwachungstechniken hat sich unser Verständnis der Erddynamik erheblich weiterentwickelt und liefert entscheidende Einblicke in die geologische Entwicklung unseres Planeten.

Darüber hinaus hat sich gezeigt, dass die Plattentektonik eine grundlegende Rolle bei der Gestaltung der natürlichen Umwelt und der Verbreitung des Lebens auf der Erde spielt. Von der Bildung von Gebirgszügen und Meeresbecken bis hin zur Entstehung von Vulkanen und Erdbeben prägen tektonische Prozesse kontinuierlich die Landschaft der Erde und beeinflussen Biodiversitätsmuster und globale biogeochemische Kreisläufe.

Bei der Betrachtung der sozioökonomischen Auswirkungen von Erdbeben und Tsunamis stellen wir fest, dass diese Naturereignisse eine erhebliche Bedrohung für die menschliche Gesellschaft und die Weltwirtschaft darstellen. Die durch diese

Katastrophen verursachten menschlichen Verluste, materiellen Schäden und die Vertreibung der Bevölkerung erfordern eine koordinierte und wirksame Reaktion der lokalen, nationalen und internationalen Behörden mit dem Ziel, negative Auswirkungen abzumildern und die nachhaltige Erholung der betroffenen Gemeinden zu fördern.

Bei der Erörterung der Zukunftsaussichten für die Forschung in den Bereichen Seismologie und Tsunami-Vorhersage heben wir abschließend die anhaltende Bedeutung der Weiterentwicklung von Überwachungs-, Modellierungs- und Prognosetechniken hervor, um unsere Fähigkeit zu verbessern, die mit seismischen Ereignissen verbundenen Risiken zu verstehen und zu mindern. Die Entwicklung neuer Technologien wie Frühwarnsysteme und hochauflösende numerische Modellierungsmethoden verspricht wirksame Möglichkeiten, unser Verständnis geodynamischer Prozesse zu erweitern und unsere Fähigkeit zu verbessern, Leben und Eigentum vor den Auswirkungen von Erdbeben zu schützen. und Tsunamis.

Zusammenfassend bietet diese Arbeit eine vollständige und detaillierte Analyse der Plattentektonik und ihrer Auswirkungen auf die Geographie und das Leben auf der Erde. Durch die Integration verschiedener wissenschaftlicher Disziplinen und die Behandlung grundlegender Fragen im Zusammenhang mit der Erddynamik und Naturgefahren hoffen wir, dass diese Arbeit zu einem tieferen und fundierteren Verständnis der geologischen Prozesse beitragen wird, die unseren Planeten formen und unser Schicksal beeinflussen. kollektiv als Bewohner der Erde.

BIBLIOGRAFISCHE HINWEISE

ESA: Europäische Weltraumorganisation:https://www.esa.int/Applications/Observing_the_Earth/Expert_s_Roundtable_ASAR_interferometry_promises_hyper-accurate_measurements_from_orbitKonsultiert am 14.03.2024.

Geowissenschaften Australien:https://www.ga.gov.au/scientific-topics/positioning-navigation/geodesy/geodetic-techniques/interfermetric-synthetic-aperture-radar

Haugen, K; Lovholt, F; Harbitz, C (2005). Grundlegende Mechanismen für die Entstehung von Tsunamis durch U-Boot-Massenströme in idealisierten Geometrien. Meeresgeologie und Erdöl. 22 (1–2): 209–217. Tut weh:10.1016/j.marpetgeo.2004.10.016

Lekkas E.; Andreadakis E.; Kostaki I.; Kapurani E. (2013) (auf Englisch). „Ein Vorschlag für eine neue integrierte Tsunami-Intensitätsskala (ITIS-2012)." Bulletin der Seismological Society of America. 103(2B): 1493-1502. Tut weh:10.1785/0120120099

Levin, Boris; Nosov, Mikhail (2009) (auf Englisch). Die Physik von Tsunamis. Dordrecht: Springer. ISBN 978-1-4020-8855-1.

Nationale Luft- und Raumfahrtbehörde – NASA:https://svs.gsfc.nasa.gov/10682/

Nationale Ozean- und Atmosphärenbehörde NOAA:https://oceanexplorer.noaa.gov/okeanos/explorations/ex1811/background/geology/welcome.html Zugriff am 13.04.2024.

Abe K. (1995). Schätzung der Stärke der Erdbeben während der vorherigen Phase des Tsunamis.

Voit, SS (auf Englisch). „Tsunamis" (auf Englisch). Jahresrückblick zur Strömungsmechanik. 19 (1): 217–236. Tut weh:10.1146/

annurev.fl.19.0187.001245

ÜBER DEN AUTOR

Jose Ruiz Watzeck

Journalistin, Schriftstellerin, Autorin, Geografin, Mathematikerin, Lehrerin, Neuropsychopädin, Spezialistin für Hochschulunterricht, Postgraduierte in Wirtschaftsprüfung, Management und Umweltlizenzen, Postgraduierte in Geoprocessing und Georeferenzierung, Pädagogin, Spezialistin für Astronomie und Astrophysik.